普通高等教育"十一五"国家级规划教材
21世纪高等院校计算机辅助设计规划教材

现代工程制图 及计算机辅助绘图

第 3 版

主 编　邹玉堂　路慧彪　王淑英
主 审　王跃辉

U0244209

机械工业出版社

本书根据教育部高等学校工程图学教学指导委员会 2005 年制订的"普通高等院校工程图学课程教学基本要求",将计算机绘图与传统机械制图内容有机地结合起来,辅以多媒体课件,以适应现代社会对工程图学教学改革的需要。

　　本书共分 11 章,主要内容有:制图的基本知识,计算机绘图基础,投影基础,立体的投影,组合体,轴测图,机件的表达方法,标准件和常用件,零件图,装配图,三维 CAD 应用基础。

　　为配合教学,本书配有习题集及多媒体光盘。

　　本书可作为高等学校非机械类本科"画法几何及机械制图"课程的教材,也可供夜大、函授及专科学校使用。

图书在版编目(CIP)数据

现代工程制图及计算机辅助绘图/邹玉堂,路慧彪,王淑英主编. —3 版.—北京:机械工业出版社,2015.8(2020.8 重印)

21 世纪高等院校计算机辅助设计规划教材

ISBN 978 - 7 - 111 - 50775 - 8

Ⅰ. ①现… Ⅱ. ①邹…②路…③王… Ⅲ. ①工程制图 - 高等学校 - 教材 ②计算机制图 - 高等学校 - 教材 Ⅳ. ①TB23 ②TP391.72

中国版本图书馆 CIP 数据核字(2015)第 149535 号

机械工业出版社(北京市百万庄大街 22 号　邮政编码 100037)

策划编辑:和庆娣　责任编辑:和庆娣

责任印制:常天培

北京虎彩文化传播有限公司印刷

2020 年 8 月第 3 版第 5 次印刷

184mm×260mm · 13.5 印张 · 334 千字

9101—10300 册

标准书号:ISBN 978 - 7 - 111 - 50775 - 8

　　　　　　ISBN 978 - 7 - 89405 - 862 - 1(光盘)

定价:39.00 元(含 1CD)

第 3 版前言

　　本书根据教育部高等学校工程图学教学指导委员会2005年制订的"普通高等院校工程图学课程教学基本要求",结合本校近年来对工程图学类课程教学改革的研究与实践,充分吸取了各兄弟院校对制图课程教学改革的成功经验编写而成。

　　本书在密切跟踪最新的国家标准及其变动情况的基础上,将计算机绘图、手工绘图和尺规绘图有机融合,调整了画法几何部分的内容,辅以多媒体课件,注重空间思维能力、创新设计能力、徒手绘图能力及计算机应用能力的培养。努力做到图学理论与工程技能并重,适应现代工程设计发展对工程技术人才培养的需求。相比第2版,第3版主要在最新国家标准追踪、绘图软件版本更新、计算机辅助绘图技术发展等方面做了修改和补充。

　　本书由邹玉堂、路慧彪、王淑英主编,王跃辉教授主审。参加本书编写的有于彦(第8章)、刘德良(第4、5、11章)、王淑英(第2、3、9章)、路慧彪(第1、7章、附录)、邹玉堂(绪论、第6、10章)。于哲夫、孙昂、曹淑华、原彬、孙昌国绘制了本书的部分插图。

　　为配合教学,另有配套习题集《现代工程制图及计算机辅助绘图习题集第2版》。

　　多媒体光盘主要由刘德良、孙昌国、于哲夫负责研制,刘德良、于哲夫、原彬、曹淑华、王淑英、孙昂、于彦、路慧彪、邹玉堂参与了编绘工作。

　　本书在编写过程中,得到了机械工业出版社、大连海事大学的大力支持,苗华迅同志为上机绘图做了大量的辅助性工作,在此表示感谢。并向在编写过程中所参考的同类著作的作者表示衷心的感谢。

　　限于水平有限,疏漏之处在所难免,敬请广大读者批评指正。

编　者

第 2 版前言

随着计算机技术的普及与发展，工程制图也经历着教学内容、教学体系和教学手段的改革。本书第 2 版根据教育部高等学校工程图学教学指导委员会2005 年制定的"高等学校工程图学课程教学基本要求"，结合本校近年来对工程图学类课程教学改革的研究与实践，充分吸取了各兄弟院校对制图课程教学改革的成功经验编写而成，是普通高等教育"十一五"国家级规划教材。

本书在密切跟踪最新的国家标准及其变动情况的基础上，将计算机绘图、手工绘图和尺规绘图有机融合，调整了画法几何部分的内容，辅以多媒体课件，注重空间思维能力、创新设计能力、徒手绘图能力及计算机应用能力的培养。努力做到图学理论与工程技能并重，以适应现代工程设计发展对工程技术人才培养的需求。本书第 2 版新增第 11 章，对三维 CAD 技术作了介绍，以使读者了解现代工程图学的应用现状及发展趋势。

本书适用于 50~80 学时的高等学校非机械专业本科学生使用。

本书由邹玉堂、路慧彪、王淑英任主编，王跃辉教授主审。参加本书编写的有于彦（第 8 章）、刘德良（第 4、5、11 章）、王淑英（第 2、3、9 章）、路慧彪（第 1、7 章、附录）、邹玉堂（绪论、第 6、10 章）。于哲夫、孙昂、曹淑华、原彬绘制了本书的部分插图。

为配合教学，另有配套习题集及多媒体光盘同时出版。

多媒体光盘主要由刘德良、于哲夫负责研制，刘德良、于哲夫、原彬、曹淑华、王淑英、孙昂、于彦、路慧彪、邹玉堂参与了编绘工作。

本书在编写过程中，得到了大连海事大学的大力支持，苗华迅同志为教师上机绘图做了大量的辅助性工作，在此表示感谢；并向在编写过程中所参考的同类著作的作者表示衷心的感谢。

限于水平，缺点和错误之处在所难免，敬请广大读者批评指正。

编　者

第 1 版前言

随着计算机技术的普及与发展，工程制图也经历着教学内容、教学体系和教学手段的改革。本书参照高等学校工科画法几何及工程制图课程指导委员会1995 年修订的"画法几何及工程制图课程教学基本要求"，结合本校近年来对机械制图课程教学改革的研究与实践，充分吸取了各兄弟院校对制图课程教学改革的成功经验编写而成。

计算机绘图技术正在逐步取代传统的手工制图技术，多媒体技术正在逐步改革传统的教学模式。为培养适应时代发展需要的高级技术人才，本书将计算机绘图、手工绘图和尺规绘图有机融合，删减了画法几何部分的内容，辅以多媒体课件，注重空间思维能力、创新设计能力、徒手绘图能力及计算机应用能力的培养。本书采用了最新颁布的国家标准，选择了广泛使用的 AutoCAD 软件。本书适用于 50~80 学时的高等学校非机械专业本科学生使用。

本书由邹玉堂、叶世亮、王淑英主编，王跃辉教授主审。参加编写的有于彦（第 1 章）、路慧彪（第 6 章）、王淑英（第 2、3、9 章）、叶世亮（第 4、5、7 章）、邹玉堂（绪论、第 8、10 章、附录）。原彬、曹淑华、孙昂、于哲夫、于彦、路慧彪、王淑英、叶世亮、邹玉堂绘制了本书的插图。

为配合教学，另有配套习题集及多媒体光盘同时出版。

多媒体光盘主要由路慧彪、于哲夫负责研制，刘德良、原彬、曹淑华、王淑英、孙昂、于彦、叶世亮、邹玉堂参与了编绘工作。

本书在编写过程中，得到了大连海事大学教务处、轮机工程学院的大力支持，苗华迅同志为教师上机绘图做了大量的辅助性工作，在此一并表示感谢。借此向《画法几何及机械制图》（陈锡娟副教授主编，大连海事大学出版社出版）的所有作者及本书所参考的其他著作的作者表示衷心的感谢。

限于水平，缺点和错误之处在所难免，敬请广大读者批评指正。

编　者

目　　录

绪　　论

1. 本课程的研究对象

本课程是以正投影理论和《技术制图》《机械制图》等国家标准有关规定为基础，研究用尺规绘图和计算机绘制工程图样以及阅读工程图样的原理和方法的一门学科。

在工业生产中，任何产品、设备和仪器的设计、制造、检验、维修、管理等技术工作，都必须通过机械图样来进行。机械图样是以投影原理为基础，按照国家规定的制图标准而绘制的表示物体形状、大小和结构的图。生产中起指导作用的机械图样主要是零件图和装配图。图样既是指导生产的重要技术文件，又是人类借以构思、分析、表达和交流技术思想的重要工具，是现代工业生产中不可缺少的技术资料。图样常被称为工程界的技术语言。

计算机绘图技术的普及与发展，使得图样的绘制、编辑、存储和传输发生了巨大的变化。作为现代的高级工程技术人才，应该能够熟练应用计算机绘制与处理图样。

2. 本课程的主要任务

1）学习正投影法的基本原理及应用，培养初步的空间思维能力。

2）培养绘制和阅读机械图样的基本能力。

3）培养计算机绘图的能力。

3. 本课程的学习方法

本课程既有系统的理论，又有很强的实践性，学习时应注意以下几点。

1）认真听课，按时完成作业，弄懂基本原理和基本方法。

2）注意绘图和看图相结合，物体与图样相结合。多看、多画、多想，注意培养空间想象能力和空间构思能力。

3）严格遵守有关的国家标准规定。

4）计算机绘图是一种先进的绘图手段，学习时，应跟随教师的讲解同步操作，尽快熟悉绘图软件的使用方法，通过反复上机操作实践，掌握快速、准确绘图的技能和技巧。

5）正确使用制图工具和仪器，按照正确的方法和步骤绘图，使所绘制的图样内容正确。

6）工业生产中对图样的要求是非常严格的，一条线或一个字的差错往往会造成重大的损失，所以作为一个未来的工程技术人员，应从学习开始就注意通过每一次作业来培养严肃认真的工作态度和耐心细致的工作作风。

第1章　制图的基本知识

在工业生产中，图样是指导生产的主要依据，也是交流技术思想的重要工具。为便于生产、管理和交流，必须对图样的各个方面做出统一的规定，如图样的画法、尺寸注法、图线、字体等。《技术制图》和《机械制图》国家标准是工程界重要的技术基础标准，也是绘制和阅读机械图样必须遵守的准则和依据。

本章摘要介绍了国家标准《机械制图》和《技术制图》中的基本规定、常见的绘图方式、几何作图方法和平面图形的尺寸标注方法等。

1.1　制图标准简介

《机械制图　图样画法》系列国家标准是由全国技术产品文件标准化委员会提出，由国家质量监督检验检疫总局发布的标准。

1.1.1　国家标准的编号及名称

本章将涉及多项国家标准。现以 GB/T 14689—2008 为例说明标准的编号及名称。

GB/T 14689—2008　　　　技术制图　图纸幅面和格式
标准编号　　　　　　　　标准名称

- 标准代号"GB"表示"国家标准"，是"国标"的拼音缩写。
- "T"表示该标准属性为"推荐性标准"，无"T"时为"强制性标准"。
- "14689"为该标准的顺序号。
- "2008"为该标准发布年号，为四位数字。
- 标准名称中"技术制图"为"引导要素"，表示标准所属的领域。
- 标准名称中"图纸幅面和格式"为"主体要素"，表示标准的主要对象。

1.1.2　图纸的幅面和格式（GB/T 14689—2008）

绘制图样时，应优先采用表 1-1 中规定的基本幅面。

表 1-1　图纸基本幅面和尺寸　　　　　　　　　　　　（单位：mm）

幅面代号	A0	A1	A2	A3	A4
$B \times L$	841×1189	594×841	420×594	297×420	210×297
e	20			10	
c	10			5	
a	25				

在图样上必须用粗实线绘制图框。不需要装订的图样，图框格式如图 1-1 所示，尺寸按表 1-1 中规定的 e 值；需要装订的图样，图框格式如图 1-2 所示，尺寸按表 1-1 中规定的 a 和 c 值。同一产品的图样只能采用一种图框格式。

每张图样上都必须绘制标题栏，其位置应位于图样的右下角。标题栏的格式和尺寸按 GB/T 10609.1—2008《技术制图　标题栏》的规定绘制，如图1-3a 所示。学校制图作业所使用的标题栏可以简化，建议采用如图 1-3b 所示格式。

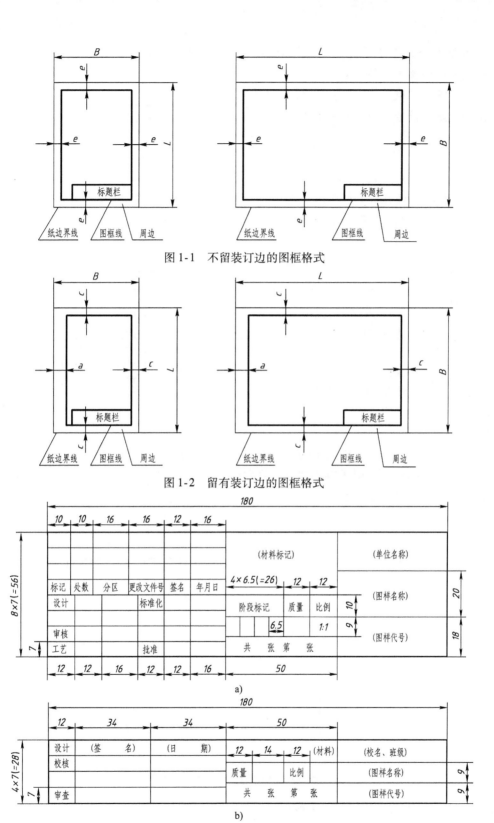

图 1-1　不留装订边的图框格式

图 1-2　留有装订边的图框格式

a)

b)

图 1-3　标题栏格式

a）标准标题栏　b）简化标题栏

一般情况下，看图的方向与看标题栏的方向一致。对于按规定使用预先印制的图纸并旋转后绘图时，为明确绘图与看图时图纸的方向，应在图纸的下边对中符号处画出一个方向符号，如图1-4所示。

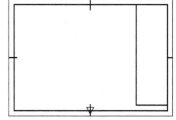

图1-4　按方向符号指示方向看图

1.1.3　比例（GB/T 14690—1993）

比例是指图中图形与其实物相应要素的线性尺寸之比。

比例一般应标注在标题栏中的比例栏内。必要时可在视图名称的下方或右侧标注比例。

需要按比例绘制图样时，应在表1-2规定的系列中选取适当的比例。其中括号中为非优先系列，只有在必要时才可采用。

表1-2　图样的比例

种　类	比　例				
原值比例	1:1				
放大比例	$5:1$ $5 \times 10^n:1$	$2:1$ $2 \times 10^n:1$	$1 \times 10^n:1$	$(4:1)$ $(4 \times 10^n:1)$	$(2.5:1)$ $(2.5 \times 10^n:1)$
缩小比例	$1:2$ $1:2 \times 10^n$	$1:5$ $1:5 \times 10^n$	$1:10$ $1:1 \times 10^n$	$(1:1.5)$ $(1:2.5)$ $(1:3)$ $(1:4)$ $(1:6)$	$(1:1.5 \times 10^n)$ $(1:2.5 \times 10^n)$ $(1:3 \times 10^n)$ $(1:4 \times 10^n)$ $(1:6 \times 10^n)$

注：n 为正整数。

为了能从图样上得到机件大小的真实概念，应尽量采用1:1的比例画图。当不宜采用原值比例时，可根据情况采用适当的缩小或放大比例。在标注尺寸时，应标注实际大小，与所选的比例无关，如图1-5所示。

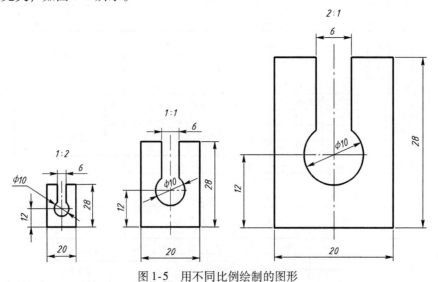

图1-5　用不同比例绘制的图形

1.1.4　字体（GB/T 14691—1993）

国家标准规定了适用于技术图样及有关技术文件的汉字、字母和数字的结构形式及基本尺寸。

图样中书写的字体必须做到：字体工整、笔画清楚、间隔均匀、排列整齐。

字体高度代表字体的号数，其公称尺寸系列为：1.8mm、2.5mm、3.5mm、5mm、7mm、10mm、14mm、20mm。如需要书写更大的字，其字体高度应按$\sqrt{2}$的比率递增。

1. 汉字

在图样中的汉字（说明的汉字、标题栏、明细栏等）应写成长仿宋体字，并应采用中华人民共和国国务院正式公布推行的《汉字简化方案》中规定的简化字。汉字的高度h不应小于3.5mm，其字宽一般为$h/\sqrt{2}$（$\approx 0.707h$）。CAD制图中应使用长仿宋矢量字体。汉字示例如图1-6所示。

10号字：

字体工整笔画清楚间隔均匀排列整齐

7号字：

横平竖直注意起落结构均匀填满方格

5号字：

技术制图机械电子汽车航空船舶土木建筑矿山井坑港口纺织服装

3.5号字：

螺纹齿轮端子接线飞行指导驾驶舱位挖填施工引水通风闸阀坝棉麻化纤

图1-6　汉字字体示例

2. 字母及数字

字母和数字分A型和B型，在同一图样上只允许选用一种型式的字体。两种字体的笔画宽度分别为字高的1/14和1/10。因为一般图样上的数字和字母的字高为3.5mm，所以图样上字母与数字的笔画宽度正好与细实线的宽度相近。

阿拉伯数字和拉丁字母分直体和斜体两种，其中斜体字的字头向右倾斜与水平线约成75°角。

字母和数字的示例如图1-7所示。

1234567890　　　*1234567890*

ABCDEFGHIJKLMNOPQRSTU

VWXYZ　abcdefghijklmnop

qrstuvwxyz　　$\emptyset 31^{+0.021}_{-0.018}$

图1-7　字母和数字示例

1.1.5　图线（GB/T 4457.4—2002 和 GB/T 17450—1998）

1. 线型

国家标准 GB/T 17450—1998 规定了 15 种基本线型。可根据需要将基本线型画成不同的粗细，并令其变形、组合而派生出更多的图线型式。GB/T 4457.4—2002 中在此基础上规定了机械制图所需要的 9 种线型，具体如表 1-3 所示。

表1-3　机械制图的图线

序号	名称	线　　　型	线宽	应　　　用
1	细实线	——————————	$d/2$	过渡线、尺寸线、尺寸界线、指引线和基准线、剖面线、重合断面的轮廓线、短中心线、螺纹牙底线、尺寸线的起止线、表示平面的对角线、零件成形前的弯折线、范围线及分界线、重复要素表示线（如齿轮的齿根线）、锥形结构的基面位置线、叠片结构位置线（如变压器叠钢片）、辅助线、不连续的同一表面连线、成规律分布的相同要素连线、投射线、网格线
2	波浪线	〜〜〜〜	$d/2$	断裂处的边界线、视图与剖视图的分界线
3	双折线	—〜—〜—〜—	$d/2$	断裂处的边界线、视图与剖视图的分界线
4	粗实线	▬▬▬▬▬▬	d	可见棱边线、可见轮廓线、相贯线、螺纹牙顶线、螺纹长度终止线、齿顶圆（线）、表格图和流程图中的主要表示线、系统结构线、模样分型线、剖切符号用线
5	细虚线	— — — — — —	$d/2$	不可见轮廓线
6	细点画线	— · — · — · —	$d/2$	轴线、对称中心线、分度圆（线）、孔系分布的中心线、剖切线
7	粗点画线	▬ · ▬ · ▬	d	限定范围表示线
8	粗虚线	▬ ▬ ▬ ▬ ▬	d	允许表面处理的表示线
9	细双点画线	— ·· — ·· —	$d/2$	相邻辅助零件的轮廓线、可动零件的极限位置的轮廓线、成形前轮廓线、剖切面前的结构轮廓线、轨迹线、毛坯图中制成品的轮廓线、特定区域线、工艺用结构的轮廓线、中断线

2. 线宽

机械图样中的图线分粗线和细线两种。粗线宽度以 d 表示，细线的宽度为 $d/2$。图线宽度的推荐系列为：0.13mm、0.18mm、0.25mm、0.35mm、0.5mm、0.7mm、1mm、1.4mm、2mm。实际应用时粗线宽度优先采用 0.7mm 或 0.5mm，因而细线宽度相应取 0.35mm 或 0.25mm。

3. 线素

图线由点、间隔、画、长画等线素构成。绘图时线素的长度应符合表1-4的规定。

表1-4 图线线素的尺寸

线素	线型	长度	图 例
点	点画线、双点画线	≤0.5d	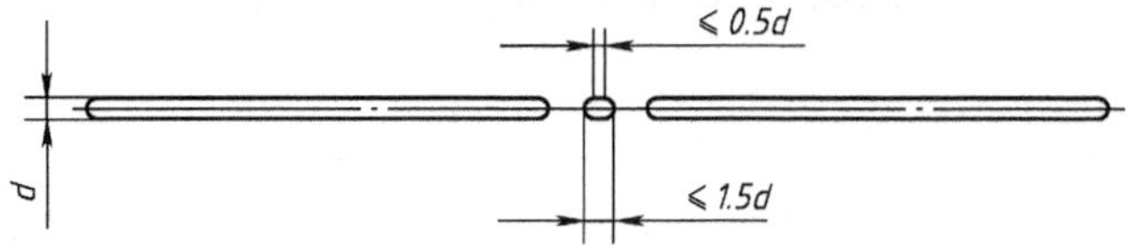
短间隔	虚线、点画线、双点画线	3d	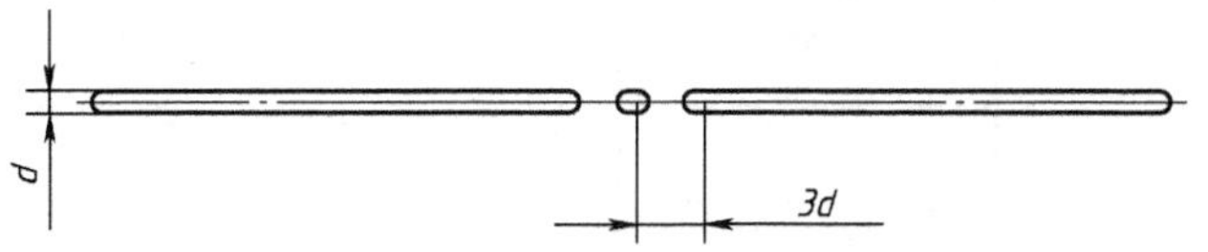
画	虚线	12d	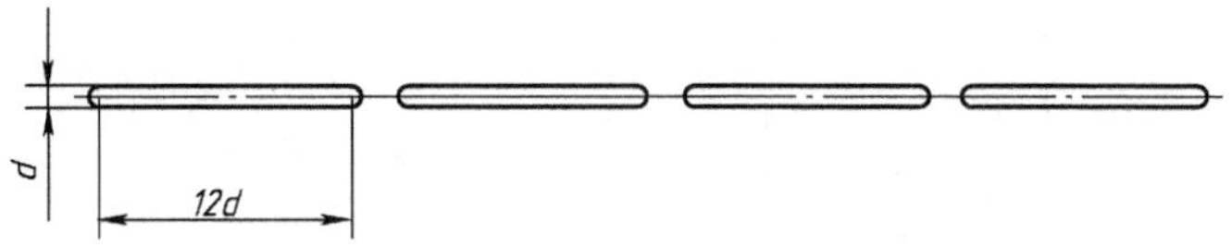
长画	点画线、双点画线	24d	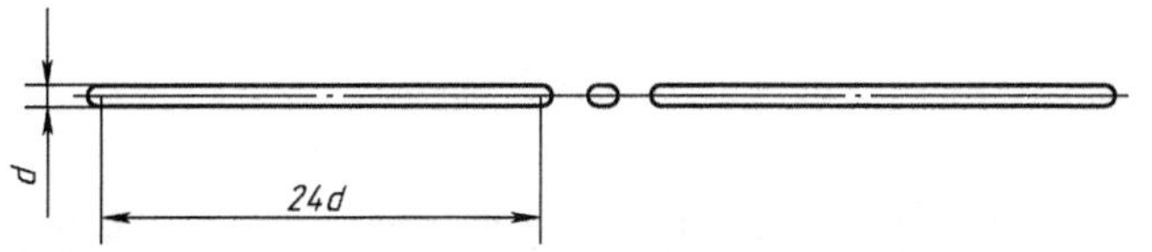
	双折线		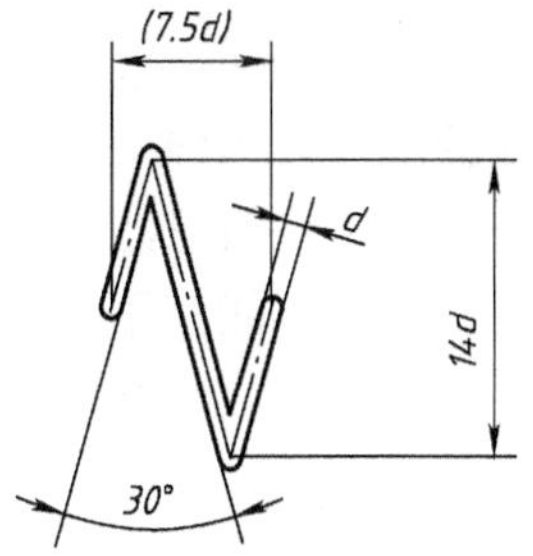

注：表中给出的长度对于半圆形和直角端图线的线素都是有效的。半圆形线素的长度与技术笔从该线素的起点到终点的距离相一致，每一线素的总长度是表中长度加 d 的和。

4. 图线画法

1）同一图样中，同类图线的宽度应基本一致。

2）虚线、点画线及双点画线的线段长度和间隔应各自大小相等。

3）除非另有规定，两条平行线之间的最小间隙不得小于0.7mm。

4）当虚线直线处于粗实线延长线上时，在连接处应留有空隙，除此之外，连接处都应相交。当虚线圆弧与虚线直线相切时，虚线圆弧应画到切点，而虚线直线应留有空隙，如图1-8a所示。

5）虚线、点画线与任何图线相交，都应在线段处相交，而不应在空隙处相交，如图 1-8b 所示。

6）点画线首末两端应是线段而不是短画，并且线段应超出图形 3～5mm。点画线的每两线段之间画一很短的线段，而不是画一个小圆点，如图 1-8a 所示。

7）当细点画线或细双点画线较短时，允许用细实线代替。

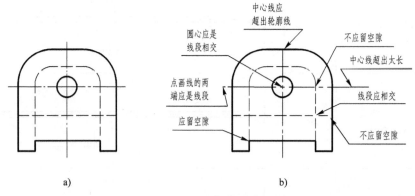

图 1-8　图线的画法
a）正确　b）错误

1.1.6　尺寸注法（GB/T 4458.4—2003）

图形只能表达机件的形状，要确定它的大小，还必须在图形上标注尺寸。

1. 基本规则

1）机件的真实大小应以图样上所注的尺寸数值为依据，与图形的大小及绘图的准确度无关。

2）图样中（包括技术要求和其他说明）的尺寸，以 mm 为单位时，不需标注计量单位的代号或名称，如果采用其他单位，则应标注相应的单位代号。

3）图样中所注的尺寸为图样所示机件的最后完工尺寸，否则应另加说明。

4）机件的每一尺寸，一般只注一次，并应标注在反映该结构最清晰的图形上。

5）标注尺寸时，应尽可能使用符号和缩写词。常用的符号和缩写词见表 1-5。

表 1-5　常用的符号和缩写词

名　称	符号或缩写词	名　称	符号或缩写词
直径	ϕ	深度	$\underline{\vee}$
半径	R	沉孔或锪平	$\sqcup$
球直径	$S\phi$	埋头孔	$\vee$
球半径	SR	弧长	$\frown$
厚度	t	斜度	$\angle$
均布	EQS	锥度	$\triangleleft$
45°倒角	C	展开长	$\curvearrowright$
正方形	□		

6）若图样中的尺寸全部相同或某个尺寸和公差占多数时，可在图样空白处作总的说

8

明，如"全部倒角 *C*1""未注圆角 *R*4"等。

7）同一要素的尺寸应尽可能集中标注，如多个相同孔的直径。

8）尽可能避免在不可见的轮廓线（虚线）上标注尺寸。

2. 尺寸注法

完整的尺寸标注由尺寸界线、尺寸线、尺寸数字组成。表1-6列出了在机械图样中标注尺寸的方法。

表1-6　尺寸注法

项目	说　明	图　例
尺寸数字	线性尺寸的数字一般应注写在尺寸线的上方，也允许写在尺寸线的中断处	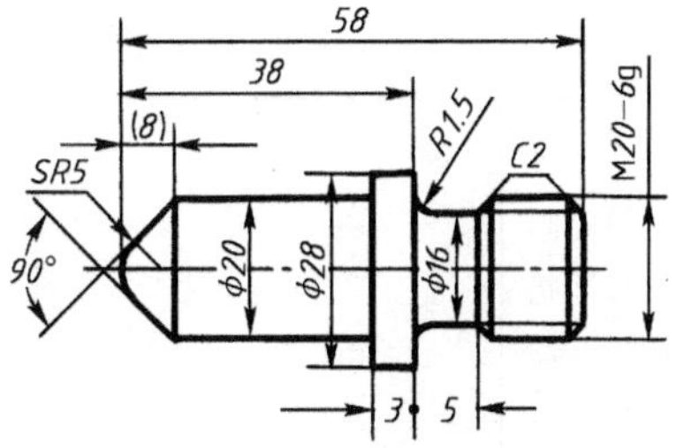
	线性尺寸数字的方向一般应按图 a 所示的方向注写，并尽可能避免在图示30°范围内标注尺寸，当无法避免时可按图 b 的形式标注	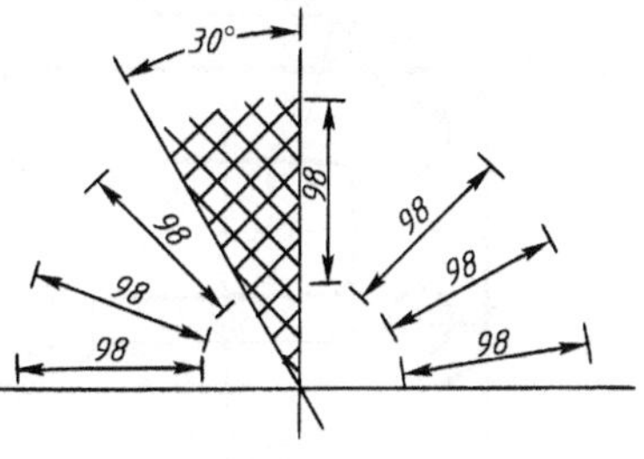 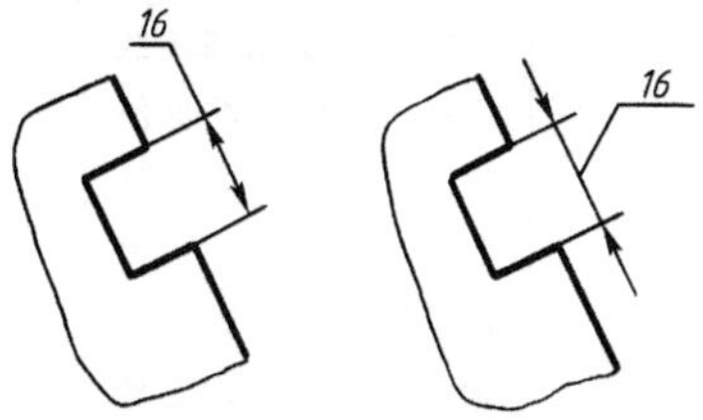
	尺寸数字不可被任何图线所通过，否则必须将图线断开	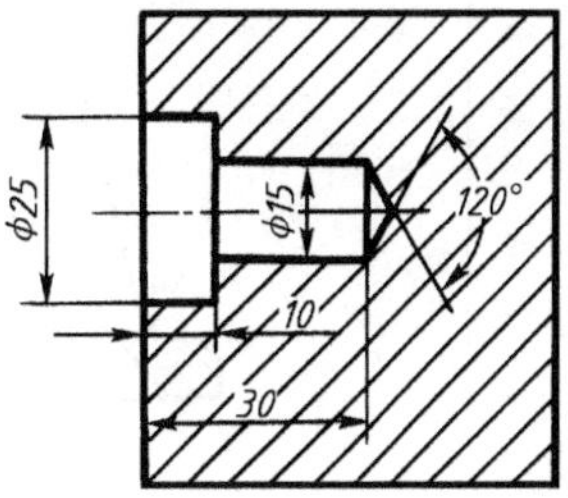
尺寸线	尺寸线必须用细实线单独绘制，其他图线不能代替尺寸线使用。标注线性尺寸时，尺寸线必须与所标注的线段平行	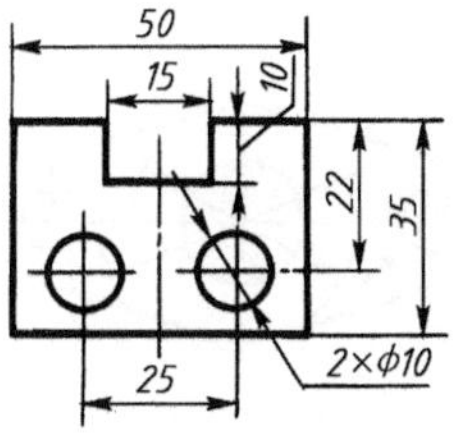 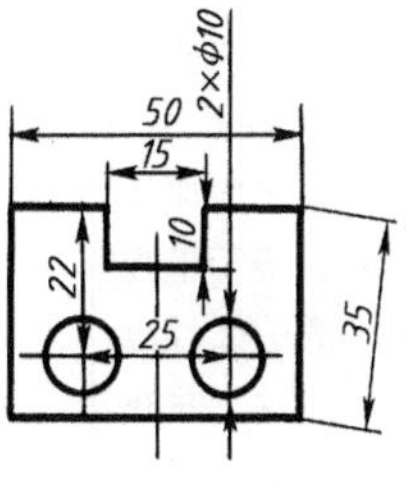

项目	说　明	图　例
尺 寸 线	当有几条互相平行的尺寸线时，它们之间要保持适当的相同间隔，并且大尺寸应注在小尺寸的外面，以避免尺寸界线与尺寸线相交	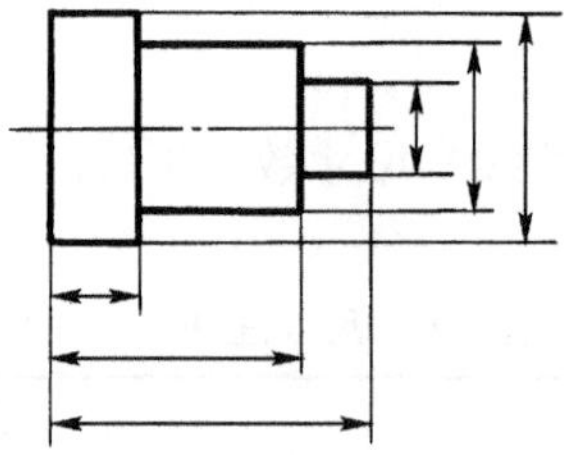 正确 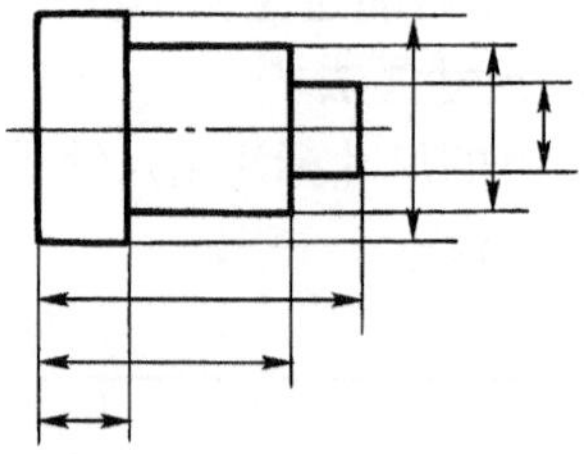　　　　　　　　　错误
	尺寸线的终端应画成箭头，箭头的形状和大小如图所示	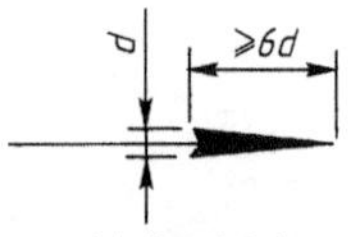 d为粗实线的宽度
尺 寸 界 线	尺寸界线用细实线绘制，并应由图形的轮廓线、轴线或对称中心线处引出，也可利用轮廓线、轴线或对称中心线作尺寸界线	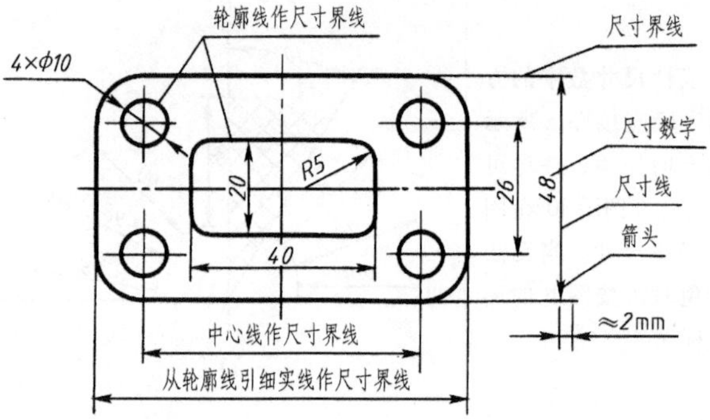 4×φ10　轮廓线作尺寸界线　尺寸界线 20　R5　26　48　尺寸数字　尺寸线　箭头 40 中心线作尺寸界线 从轮廓线引细实线作尺寸界线　≈2mm
	尺寸界线一般应与尺寸线垂直，当尺寸界线过于贴近轮廓线时，允许倾斜画出 　　在光滑过渡处标注尺寸时，必须用细实线将轮廓线延长，从它们的交点处引出尺寸界线	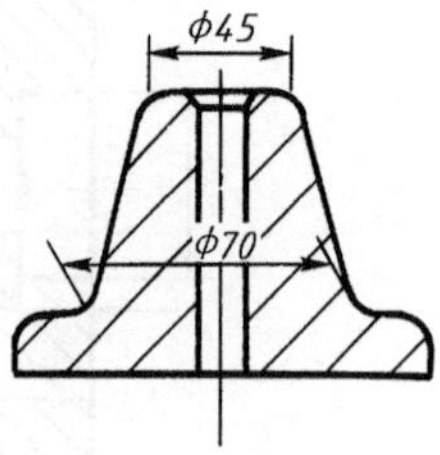 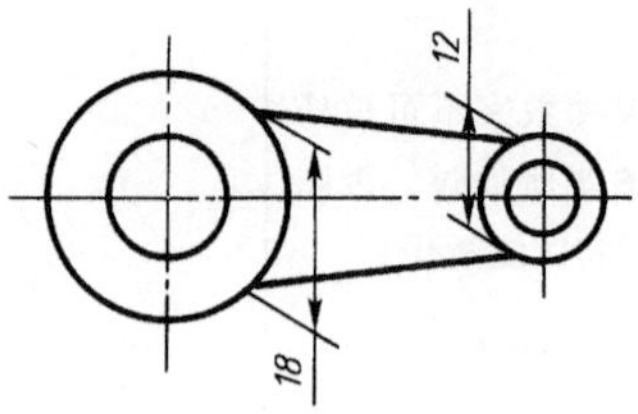 φ45　φ70　12　18
直 径 和 半 径	圆和大于半圆的圆弧应标注直径尺寸，并在尺寸数字前加注符号"φ"，等于半圆和小于半圆的圆弧应标注半径尺寸，并在尺寸数字前加注符号"R"	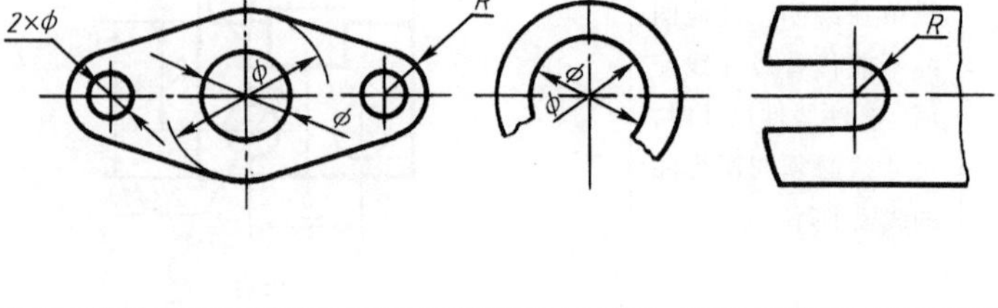 2×φ　φ　R　φ　R

项目	说　明	图　例
直径和半径	半径尺寸必须标注在投影是圆弧的图形上，且尺寸线应从圆心引出	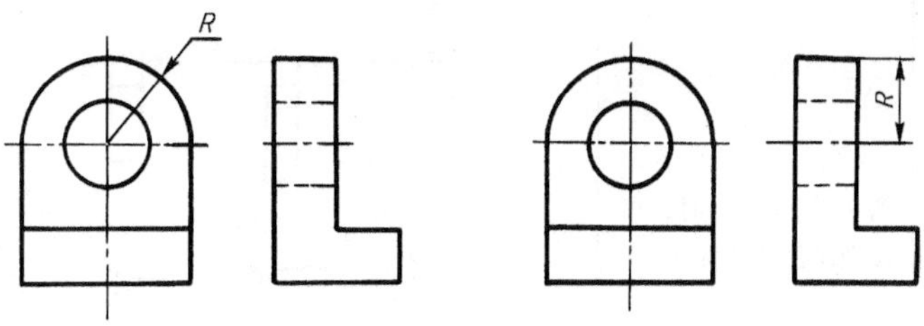 　正确　　　　　　　　　　　　错误
	半径过大或在图样范围内无法标出圆心位置时，可按图 a 的形式标注；若不需要标注圆心位置时，可按图 b 的形式标注	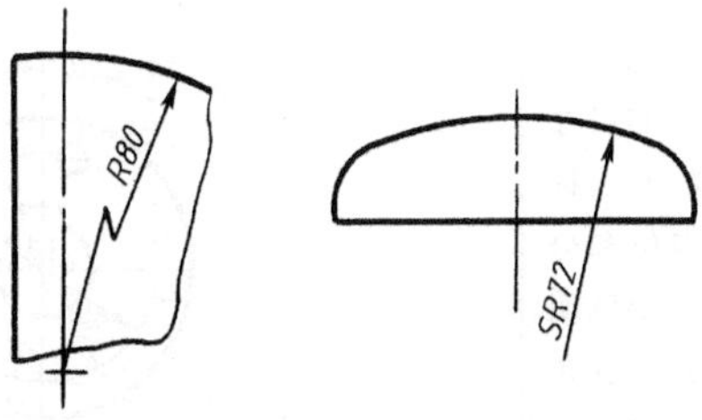 　a)　　　　　　　　b)
	标注球面的直径或半径时，应在符号"φ"或"R"前再加注符号"S"	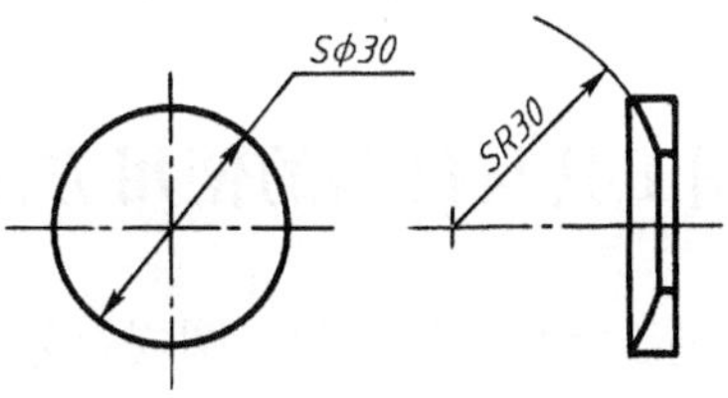
角度	角度的尺寸界线应沿径向引出，或以夹角两边的轮廓线作尺寸界线 尺寸线应画成圆弧，其圆心是该角的顶点	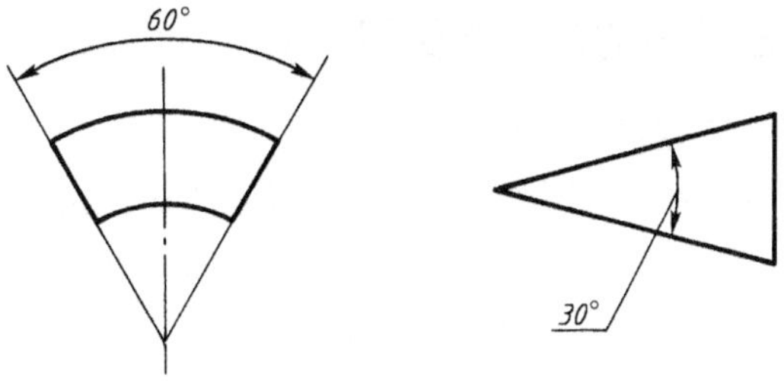
	角度的数字一律水平填写，一般写在尺寸线的中断处，必要时允许写在尺寸线的上方或外面，也可引出标注	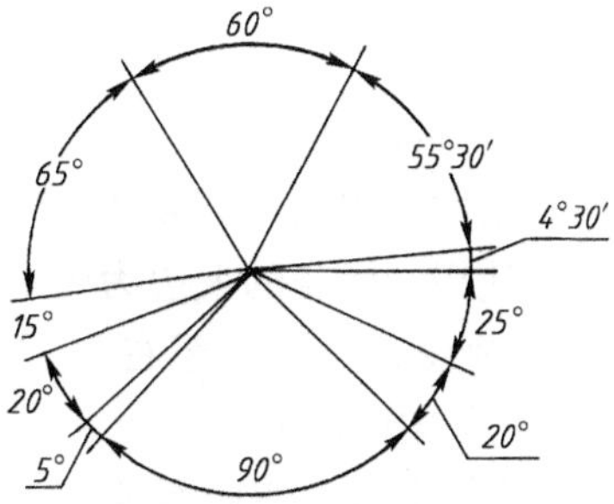

（续）

项目	说　明	图　例
小尺寸	没有足够的位置画箭头或写数字时，可按图示的形式标注	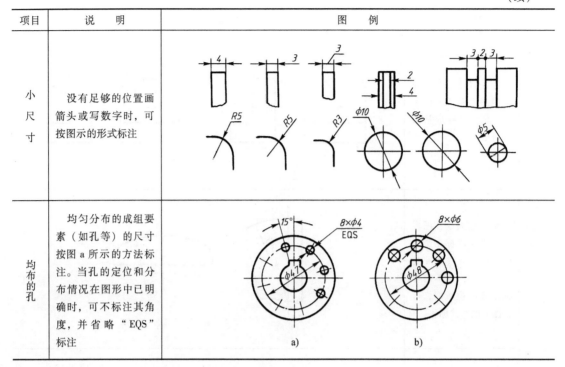
均布的孔	均匀分布的成组要素（如孔等）的尺寸按图 a 所示的方法标注。当孔的定位和分布情况在图形中已明确时，可不标注其角度，并省略"EQS"标注	

1.2　尺规绘图工具与仪器的使用方法

　　尺规绘图是借助丁字尺、三角板、圆规、分规等绘图工具和仪器进行手工操作的一种绘图方法，正确使用各种尺规工具和仪器既能保证绘图质量，又能提高绘图速度。

1.2.1　尺规绘图的工具与仪器

1. 图板、丁字尺和三角板
　　图板是画图时铺放图纸的木板，表面应平坦光洁，软硬适中。图板一般为长方形，使用时横放。图板左侧边为丁字尺的导边，必须平直光滑。

　　绘图时图纸应靠近图板左边，为便于使用丁字尺，图纸下边与图板下边的间距应大于丁字尺尺身宽度，然后将图纸用胶带纸固定，如图1-9所示。

　　丁字尺主要用于画水平线，由尺头和尺身两部分组成。绘图时用左手将尺头紧靠图板左侧导边，上下移动使用，尺身的上边为工作边，画水平线时，画线方向从左至右，铅笔稍向画线方向倾斜，如图1-10所示。

　　三角板与丁字尺配合使用，能画垂直

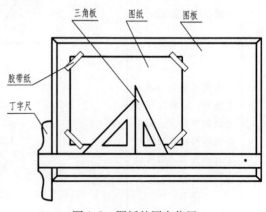

图 1-9　图纸的固定位置

线和与水平成一定角度的斜线。画垂直线时，画线方向从下至上，如图 1-11 和图 1-12 所示。

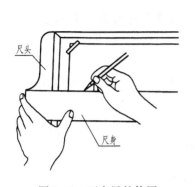

图 1-10　丁字尺的使用

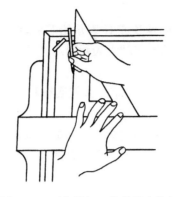

图 1-11　丁字尺与三角板配合使用

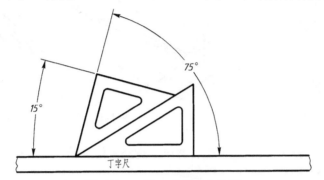

图 1-12　两块三角板配合使用

2. 绘图仪器

绘图仪器中最常用的是圆规和分规。

圆规用于画圆和圆弧。圆规的一条固定腿上装有钢针，另一条带有肘形关节的活动腿上可装铅笔插腿或鸭嘴笔插腿。使用时要使钢针上带有凸出小针尖的一端朝下，以免钢针扎入图板太深，同时要使针尖略长于铅笔尖，如图 1-13 所示。画圆或圆弧时，圆规针尖要准确地扎在圆心上，沿顺时针方向转动圆规柄部，圆规稍微向前进方向倾斜，一次画成。当画半径较大的圆或圆弧时，要调整圆规，使针尖和铅笔尖同时垂直纸面，如图 1-14 所示。

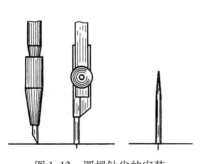

图 1-13　圆规针尖的安装

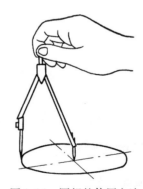

图 1-14　圆规的使用方法

分规用于量取尺寸数值和等分线段。两腿并拢时，针尖要平齐。量取尺寸数值时，分规的拿法像使用筷子一样，便于调整大小，如图1-15所示。

3. 绘图铅笔

绘图铅笔上有标号B或H表示铅芯的软或硬。B前的数字越大表示铅芯越软，画出的图线也越黑。H前的数字越大表示铅芯越硬，画出的图线也越淡。标号"HB"表示铅芯软硬适中。

一般画底稿时用2H铅笔，画粗实线和粗点画线时用B或HB铅笔，画其余图线时用2H铅笔，写字用HB或H铅笔。

削铅笔时应保留有铅笔标号的一端。画粗实线的铅笔的铅芯应削磨成四棱柱形，使所画的图线粗细均匀，边缘光滑。画其余线条时可削磨成圆锥形，如图1-16所示。

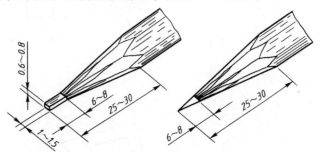

图1-15　分规的使用方法　　　　　　　图1-16　铅笔的削磨

画线时要注意用力均匀，匀速前进，并应注意经常修磨铅笔尖，避免越画越粗。

4. 比例尺和曲线板

比例尺为尺面上刻有不同比例的刻度的直尺，用于量取不同比例的尺寸，最常见的为三棱柱式，因此也叫三棱尺，如图1-17所示。常用的比例尺的3个侧面有6种不同比例的刻度，采用这6种比例画图时，可直接在比例尺上量尺寸，不需要计算，比较方便。

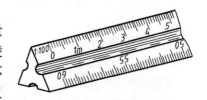

图1-17　比例尺

曲线板是用来画非圆曲线的，形状多种多样。使用时，应先把要连接的各点，徒手用细实线尽可能光滑地连接起来。然后，根据曲线部分的曲率大小及变化趋势，从曲线板上选择与其贴合的一段，依次进行描画。每次连接至少要通过4个点，并且前面应有一小段与上一次描画的曲线末端一小段重合，而后面一小段应留待下一次连接时光滑过渡之用，其画法如图1-18所示。

5. 其他绘图工具

除以上绘图工具、仪器外，设计和生产部门中还广泛使用各种类型的绘图机，它兼有丁字尺和三角板的功能，可提高绘图速度。

绘图时，还应备有铅笔刀、橡皮、胶带纸、清洁用的毛刷和修整铅芯用的细砂纸板等工具。

1.2.2　尺规绘图的步骤和方法

1. 绘图前的准备工作

1）准备工具：准备好所用的绘图工具和仪器，削好铅笔及圆规上的笔芯。

图 1-18　曲线板及其使用方法

2）固定图纸：将选好的图纸用胶带纸固定在图板偏左上方的位置，使图纸上边与丁字尺的工作边平齐，固定好的图纸要平整。

2. 打底稿

用 H 或 2H 铅笔轻画底稿，顺序如下。

1）绘制图框和标题栏。

2）进行布图，绘制图形的主要中心线和轴线。

3）绘制图形的主要轮廓线，逐步完成全图。

4）绘制尺寸界线、尺寸线。

3. 描深

底稿完成后，经校核，擦去多余的图线后再加深，步骤如下。

1）加深所有粗线圆和圆弧，按由小到大的顺序进行。

2）自上而下加深所有水平的粗线。

3）自左至右加深所有垂直的粗线。

4）自左上方开始，加深所有倾斜的粗线。

5）按加深粗线的图样顺序，加深细线。

6）绘制尺寸线终端的箭头或斜线，注写尺寸数字，写注解文字，加深图框线和标题栏。

1.3　几何作图

图样上的每一个图形，都是由直线、圆、圆弧及其他曲线连接而成的几何图形。本节介绍几种常用的几何图形的画法。

1.3.1　正多边形的画法

1. 正六边形的画法

如图 1-19 所示为圆内接正六边形的画法。

2. 正五边形的画法

圆内接正五边形的作图方法如图 1-20 所示，步骤如下。

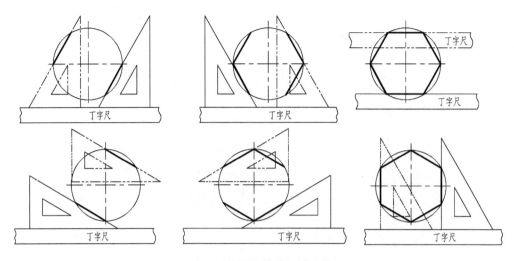

图 1-19 圆内接正六边形的画法

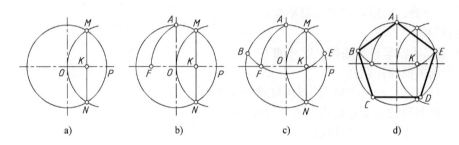

图 1-20 圆内接正五边形的画法

1）以 P 点为圆心，PO 为半径作圆弧，交圆周于 M、N 两点。连接 MN，交 PO 于 K 点。

2）以 K 为圆心，KA 为半径作圆弧，与水平中心线交 F 点。

3）以 A 为圆心，AF 为半径作圆弧，交圆周于 B、E 两点。

4）以 B 和 E 为圆心，AB 为半径作圆弧，交圆周于 C 和 D。

5）依次连接 A、B、C、D、E，即完成圆内接正五边形。

1.3.2　斜度和锥度的画法和注法

1. 斜度

斜度是指一直线或平面对另一直线或平面的倾斜程度。其大小用该两直线或平面夹角的正切表示，即斜度 = $\tan\alpha = BC/AB$，如图 1-21 所示。在绘图中一般用 $1:n$ 表示斜度的大小。

例如过 A 点对 AB 直线作一条 $1:6$ 斜度的倾斜线，其作图方法如图 1-21 所示：先将直线 AB 六等分，然后过 B 点作 $BC \perp AB$，并使 $BC = \frac{1}{6}AB$，连接 AC 即为所求的倾斜线。

斜度一律用符号标注，符号所示的倾斜方向与斜度的方向一致，如图 1-22a 和图 1-22b 所示。斜度符号的画法如图 1-22c 所示。符号的线宽为 $\frac{h}{10}$（h 为字体高度）。

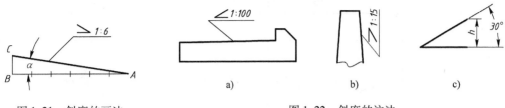

图 1-21　斜度的画法　　　　　　　　　　　　　　图 1-22　斜度的注法

2. 锥度

锥度是指正圆锥底圆直径与其高度之比。圆锥台的锥度为其两底圆直径之差（$D-d$）与其高度之比。锥度 $= \dfrac{D}{L} = \dfrac{D-d}{l} = 2\tan\dfrac{\alpha}{2}$，如图 1-23 所示。制图中一般用 $1:n$ 表示锥度的大小。图 1-24 为锥度的画法。

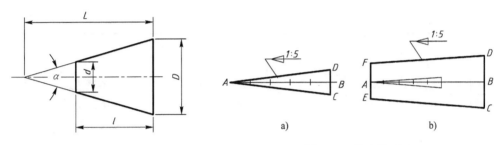

图 1-23　圆锥和圆锥台的锥度　　　　　　　　　图 1-24　锥度的画法

锥度也可用符号标注，必要时可在括号中注出其角度值，如图 1-25a 和图 1-25b 所示。符号所示的方向应与锥度的方向一致，锥度符号的画法如图 1-25c 所示，符号的线宽 d 为 $\dfrac{h}{10}$（h 为字体高度）。

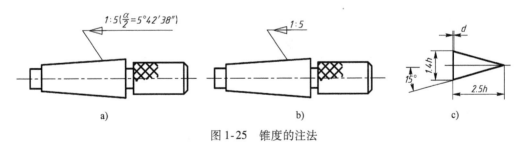

图 1-25　锥度的注法

3. 椭圆的画法

椭圆的画法有多种，常用精确的画法为同心圆法，近似画法为四心圆法。表 1-7 分别列出上述两种椭圆画法的步骤。

4. 两线段光滑连接的画法

绘制图样时，经常用到两线段光滑连接的画法。所谓光滑连接是指用已知半径的圆弧光滑地连接两已知线段或圆弧，使它们在连接处相切。表 1-8 列出了各种线段之间光滑连接画法的步骤。

表 1-7 椭圆的画法

已知条件和要求	作 图 步 骤		
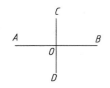 （1）精确画法 以知椭圆的长、短轴 AB 和 CD，用同心圆法作椭圆	 以 O 为圆心，以 OA、OC 为半径作两个同心圆。过圆心 O 作一系列放射线，与两同心圆相交，得到一系列交点	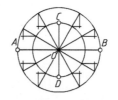 过大圆上的交点作短轴 CD 的平行线，过小圆上的交点作长轴 AB 的平行线，相对应的两条长、短轴平行线垂直相交于一点，这些交点即为椭圆上的点	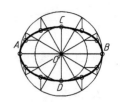 用曲线板将这些交点依次光滑地连接起来，即为所求的椭圆
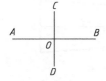 （2）近似画法 以知椭圆的长、短轴 AB 和 CD，用四心圆法作椭圆	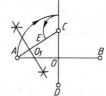 在 AC 线上取 $CE = OA - OC$，作 AE 的垂直平分线，与长轴 AB 交于 O_1 点，与短轴 CD 交于 O_2 点，并取 $OO_3 = OO_1$，$OO_4 = OO_2$	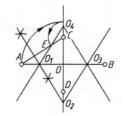 以 O_2、O_4 为圆心，O_2C 为半径画两圆弧，分别与 O_2O_1，O_2O_3 及 O_4O_3，O_4O_1 的延长线交于 F、G、H、I 四点	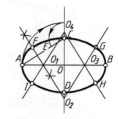 以 O_1、O_3 为圆心，O_1A 为半径画两小圆弧，与两大圆弧连接，即为所求的椭圆

表 1-8 线段光滑连接的画法

连接名称	已知条件和要求	作 图 步 骤		
圆弧连接两直线				

18

连接名称	已知条件和要求	作 图 步 骤
圆弧连接两圆弧 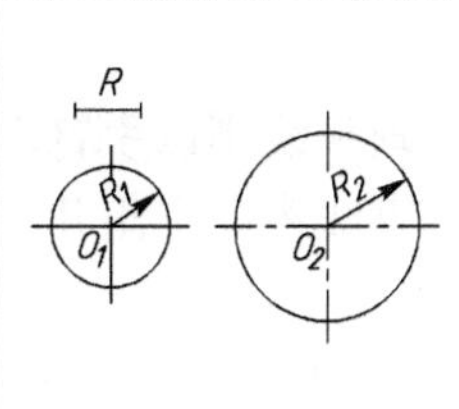 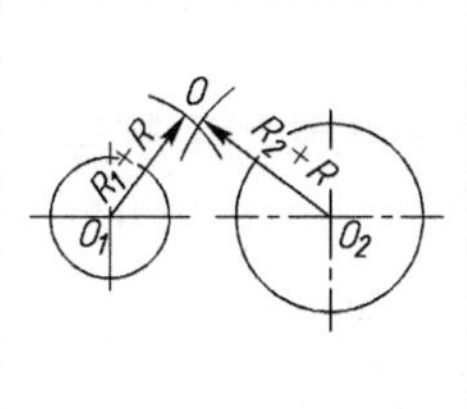 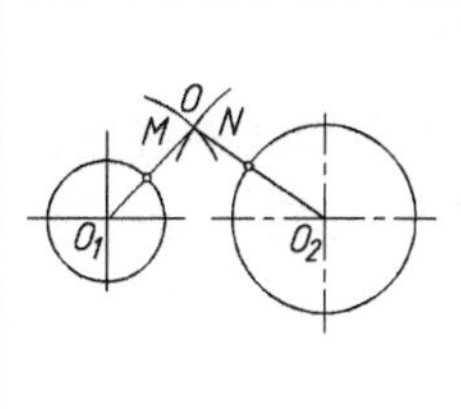 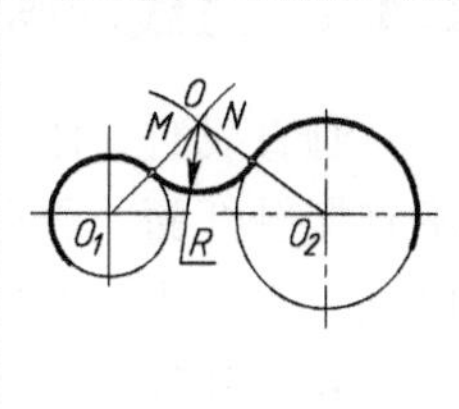		
圆弧连接直线和圆弧 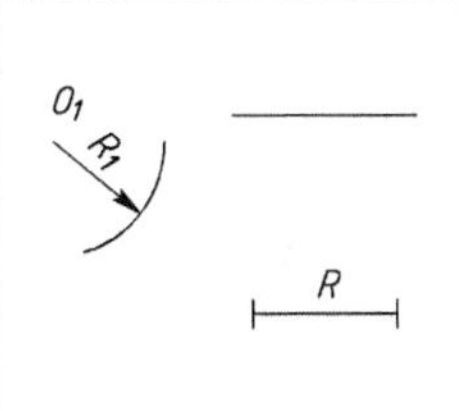 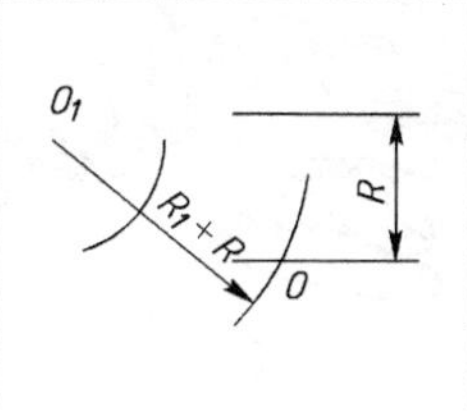 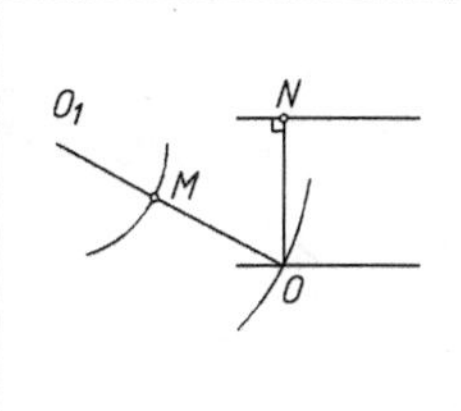 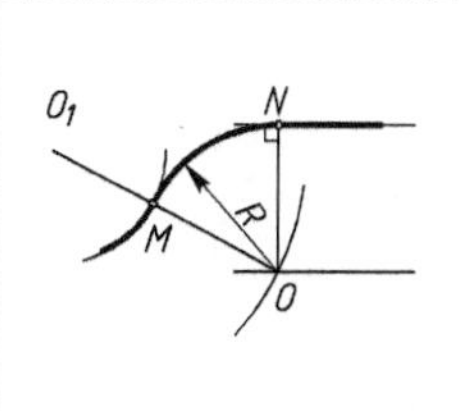		
直线连接两圆弧 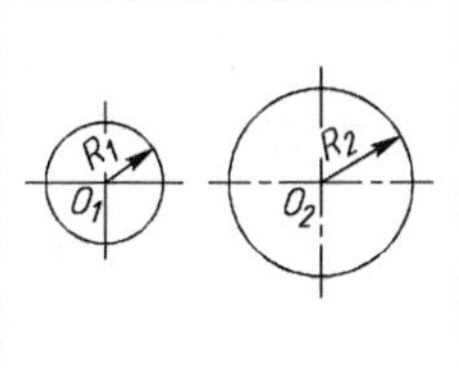 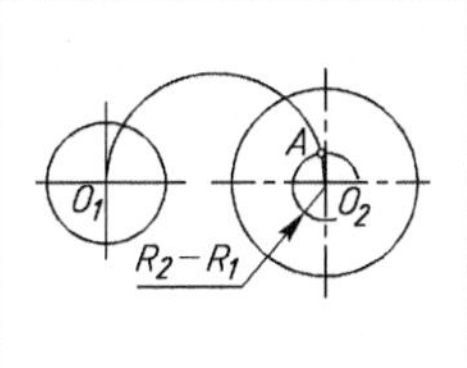 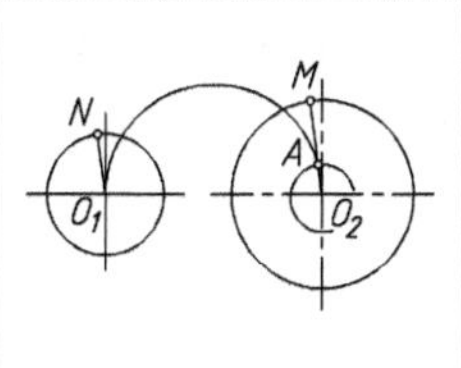 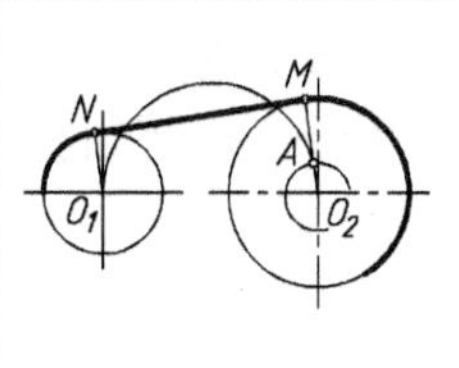		

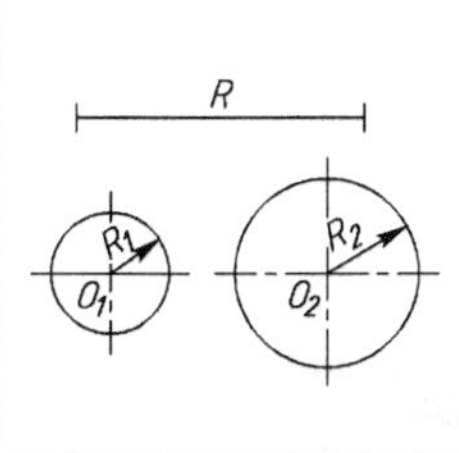

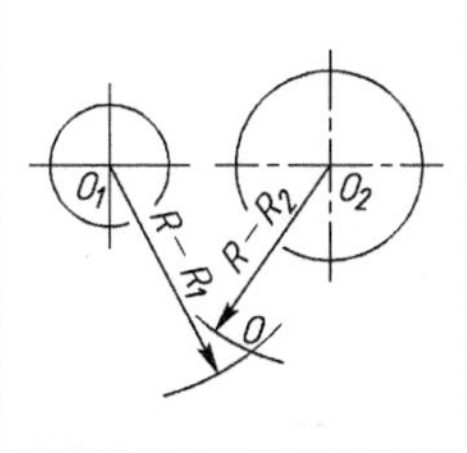

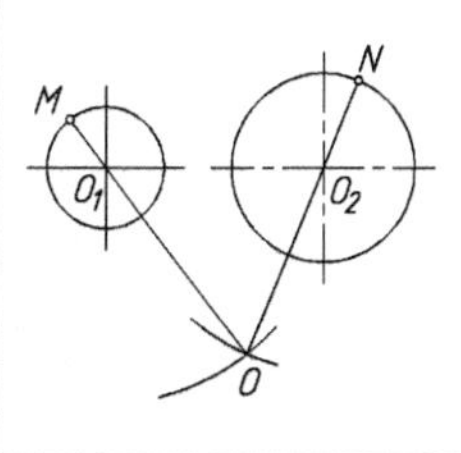

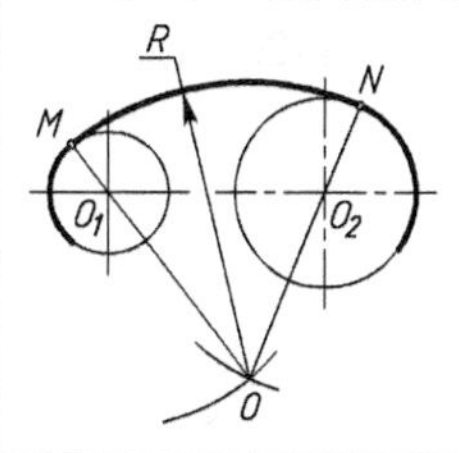

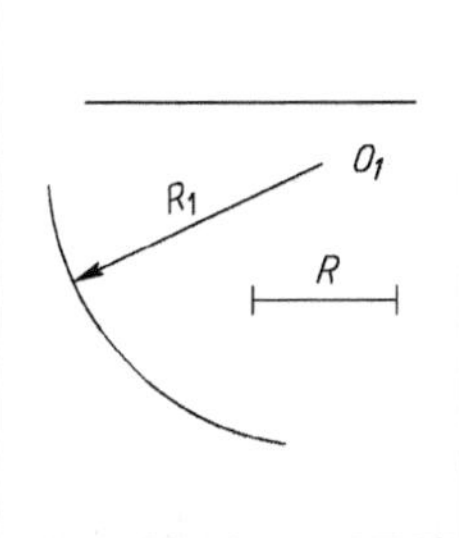

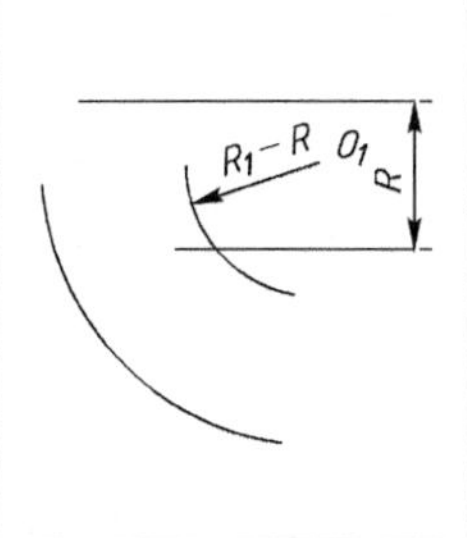

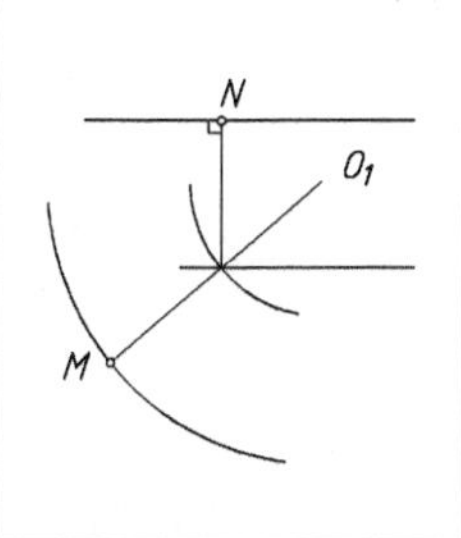

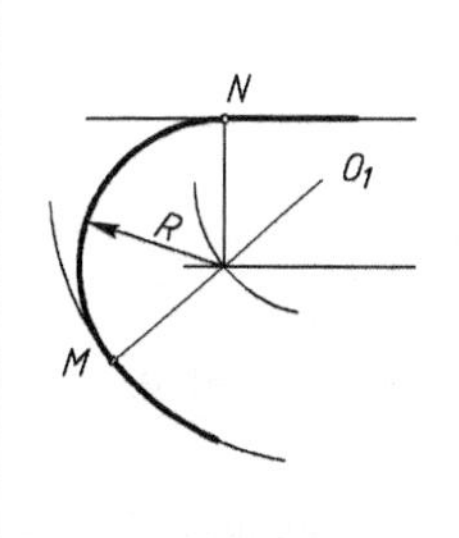

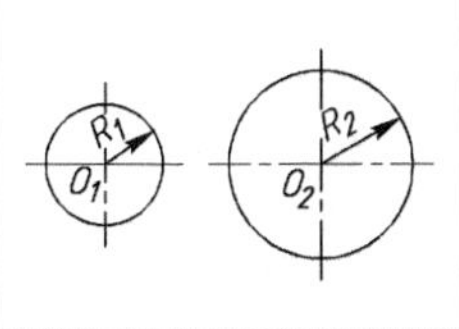

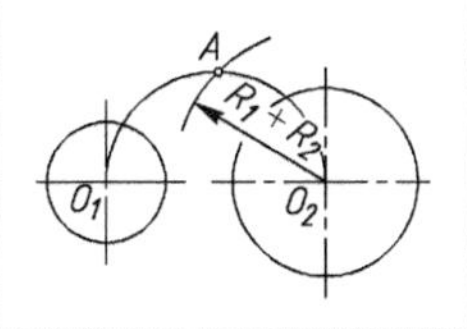

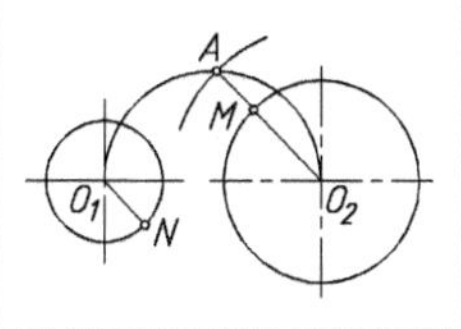

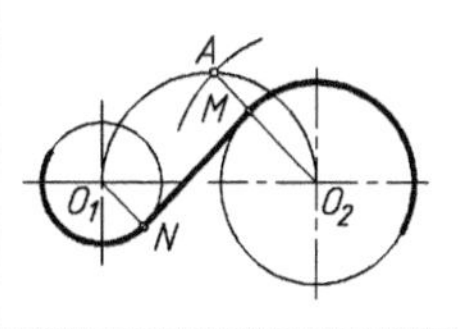

1.4 徒手绘图的方法

徒手绘图指的是按自测比例徒手画出草图。草图并不是潦草的图，仍应基本做到图形正确，线型分明，比例匀称，字体工整，图面整洁。徒手绘图是工程技术人员必须具备的一项基本技能。一般用 HB 铅笔，在方格纸上画图。

1.4.1　直线的画法

画直线时，眼睛看着图线的终点，画短线常用手腕运笔，画长线则以手臂动作，且肘部不宜接触纸面，否则不易画直。画较长线时，也可以用目测在直线中间定出几个点，然后分段画。水平线由左向右画，铅垂线由上向下画。

对于各种不同方向的线，可以通过转动图纸，找到最适合自己画直线的倾斜角度来画，如图 1-26 所示。

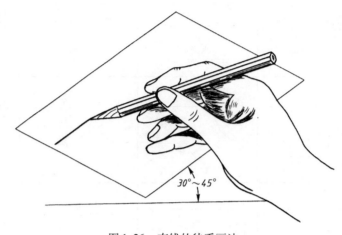

图 1-26　直线的徒手画法

1.4.2　圆的画法

画圆时应先通过圆心画两条互相垂直的中心线，确定圆心的位置，再根据直径的大小，在中心线上截取 4 点，然后徒手将 4 点连成圆，如图 1-27a 所示。当圆的直径较大时，可通过圆心再画两条 45°的斜线，在斜线上再截取 4 点，然后徒手将 8 点连成圆，如图 1-27b 所示。

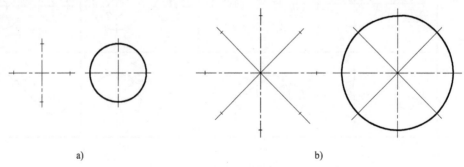

a)　　　　　　　　　　　　　　　　　b)

图 1-27　圆的徒手画法

1.4.3　椭圆的画法

画椭圆要先确定椭圆长短轴的位置，再用目测定出其端点，并过 4 端点画一矩形，然后徒手画与矩形相切的椭圆，如图 1-28 所示。

a)   b)   c)

图 1-28　椭圆的徒手画法

1.5　平面图形的尺寸分析和绘图步骤

正确地绘制平面图形，首先要确定出合理的绘图步骤，这样就需要对平面图形中尺寸进行分析，从而判断各线段在图形中的地位。

1.5.1　平面图形的尺寸分析

平面图形中的尺寸，按作用可分为定形尺寸和定位尺寸两种。

1. 定形尺寸

定形尺寸是确定图形中几何元素形状和大小的尺寸。如线段的长度、角度的大小、圆的直径和圆弧的半径等，如图 1-29 中的尺寸 70、30°、$\phi20$、$R21$ 等。

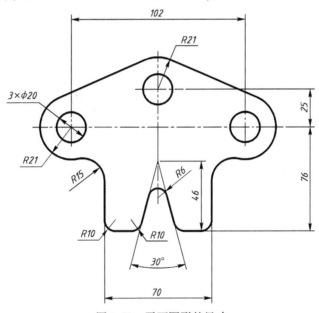

图 1-29　平面图形的尺寸

2. 定位尺寸

定位尺寸是确定图形中几何元素位置的尺寸，如图 1-29 中的尺寸 102、25、46 等。

标注定位尺寸时，必须先选好基准。所谓基准是标注尺寸的起点，也可以是确定尺寸位置所依据的一些面、线或点。对于平面图形必定有两个方向基准，即水平方向和垂直方向基准，可以用对称中心线、圆或圆弧的中心线以及图形的底线及边线等。

1.5.2 平面图形的绘图步骤

平面图形中的各种线段，根据其所注的尺寸数量及连接关系可分为已知线段、中间线段、连接线段 3 类。

1）已知线段是定形与定位尺寸都完全给出，可直接画出的圆、圆弧和直线段，如图 1-30 中的圆弧 $R5$。

2）中间线段是定形尺寸给出，而定位尺寸中有一个需要由该线段与其他线段的连接关系求得的圆弧或直线段，如图 1-30 中的圆弧 $R52$。

3）连接线段是只有定形尺寸，而无定位尺寸，必须由该线段与另两线段的连接关系来决定的圆弧或直线段，如图 1-30 中的圆弧 $R30$。

显然，画平面图形时，应首先画出各已知线段或圆弧，再画出各中间线段或中间圆弧，最后画出各连接线段。

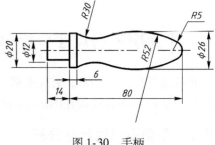

图 1-30　手柄

表 1-9 以手柄为例，说明其作图步骤。

表 1-9　手柄的作图步骤

（1）画中心线和已知线段的轮廓线，以及相距为 26 的两条范围线	（2）确定中间弧 $R52$ 的圆心 O_1 及 O_2，并找出该圆弧与已知圆弧 $R5$ 的切点 A、B，画出圆弧 $R52$
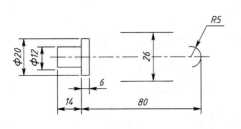	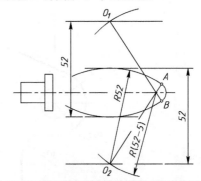
（3）确定连接圆弧 $R30$ 的圆心 O_3 及 O_4，并找出该圆弧与中间圆弧 $R52$ 的切点 C、D，画出连接圆弧 $R30$	（4）擦去多余的作图线，按线型要求加深图线，完成全图
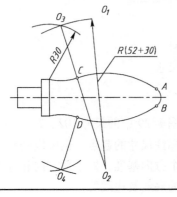	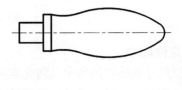

第2章 计算机绘图基础

计算机绘图（Computer Graphics，CG）是利用计算机进行数据处理，提供图形信息，控制图形输出的一种绘图方式。它是计算机辅助设计（Computer Aided Design，CAD）的重要组成部分。随着产品生产周期的缩短，设计复杂程度及自动化程度的提升，计算机辅助绘图已经成为产品设计不可或缺的组成部分。

2.1 AutoCAD 2014 简介

AutoCAD 是由美国 Autodesk 公司开发的通用 CAD 绘图软件包，是当今工程设计领域广泛使用的现代化绘图工具。AutoCAD 自 1982 年诞生以来，为适应计算机技术的不断发展及用户的设计需要，陆续进行了十多次升级（R1.0 ~ R2014 版）。每一次升级都伴随着软件性能的大幅提高，从最初的基本二维绘图发展成集三维设计、渲染显示、数据库管理和 Internet 通讯等为一体的通用计算机辅助绘图设计软件包。AutoCAD 2014 重点突出了灵活、快捷、高效和以人为本的特点，在运行速度、图形处理、网络功能等方面都达到了崭新的高度。

2.1.1 AutoCAD 2014 工作界面

启动 AutoCAD 2014，从标题栏中选择"Auto CAD 经典"工作空间，进入如图 2-1 所示的工作界面。

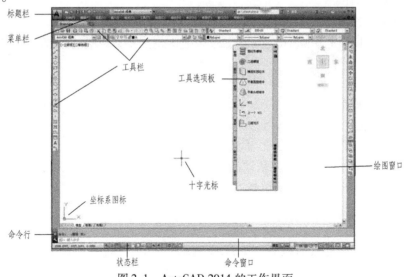

图 2-1 AutoCAD 2014 的工作界面

AutoCAD 经典的工作界面主要由标题栏、菜单栏、工具栏和工具选项板、绘图窗口、坐标系图标、十字光标、命令窗口和状态栏等组成。

1. 标题栏

标题栏位于工作界面的最上方，用来显示 AutoCAD 2014 的软件图标及当前所操作的图形文件的名字。利用位于标题栏右面的各按钮，可分别实现 AutoCAD 2014 窗口的最小化、还原（或最大化）以及关闭等操作。

2. 菜单栏

菜单栏位于标题栏的下方。AutoCAD 2014 将大部分绘图命令放在了下拉菜单中。单击菜单栏中的某一项，会弹出相应的下拉菜单，其有如下特点：

- 下拉菜单中右面有黑色小三角的菜单项，表示该菜单还有子菜单。
- 下拉菜单中右面有省略号的菜单项，表示选择该项后将弹出一个对话框。
- 下拉菜单中右面没有内容的菜单项，为可执行的相应 AutoCAD 命令。

3. 工具栏和工具选项板

系统将常用的绘图命令制作成工具图标，并将相关图标汇集成工具栏。利用工具栏能够方便地实现各种绘图操作。工具栏可以根据需要处于显示和隐藏状态。用户可将光标移至工具栏区空白处，右击，调出工具栏列表，进行某一工具栏的显示和隐藏操作。

AutoCAD 2014 将常用的工具栏，如图层、绘图、编辑、尺寸标注、文字等，集成为工具选项板。工具选项板也可以进行显示/部分显示、隐藏/部分隐藏操作。将光标移至面板区，右击鼠标就可以实现。

4. 绘图窗口

绘图窗口类似于手工绘图时的图纸，是用户进行绘图的区域。

5. 十字光标

当光标位于 AutoCAD 的绘图窗口内时，为十字形状，故又称为十字光标，十字线的交点为光标的当前位置。利用系统变量 CURSORSIZE 可以改变光标十字线的长度。光标用于绘图、选择对象等操作。

6. 坐标系图标

在绘图窗口内的左下角处有一图标，它反映了当前所使用的坐标系形式以及坐标方向等。

7. 状态栏

状态栏用来反映当前的绘图状态，如当前光标的坐标，绘图时是否启用了正交、栅格捕捉、栅格显示等功能。

8. 命令窗口

命令窗口是 AutoCAD 显示用户从键盘输入的命令、AutoCAD 的提示及相关信息的地方。默认状态下，AutoCAD 在窗口中保留最后三行所执行的命令或提示的信息。

2.1.2 点的输入方式

绘图时，经常要确定点的位置，如线段的端点、圆和圆弧的圆心位置等。AutoCAD 2014 中，点的输入方式如下。

- 用定标设备（如鼠标）在屏幕上拾取点。
- 用对象捕捉方式捕捉一些特殊点。
- 通过键盘输入点的坐标。
- 在指定方向上通过输入给定距离确定点。

点的坐标输入有绝对坐标和相对坐标两种方式。

1. 绝对坐标

绝对坐标是指相对于当前坐标系原点的坐标。有下列 4 种输入方式。

（1）直角坐标

直角坐标用点的 X、Y、Z 坐标值表示，坐标值之间用逗号隔开。例如，要输入一个点，其 X 坐标值为 8，Y 坐标值为 6，Z 坐标值为 5，则在输入坐标点的提示后应输入：

8,6,5

当绘二维图时，用户只需输入点的 X、Y 坐标即可。

（2）极坐标

极坐标用来表示二维点，用相对于坐标原点的距离和与 X 轴正方向的夹角来表示点的位置。其表示方法为"距离＜角度"。系统规定 X 轴正向为 $0°$，Y 轴正向为 $90°$。例如，某二维点距坐标系原点的距离为 15，该点与坐标系原点的连线相对于坐标系 X 轴正方向的夹角为 $30°$，则该点的极坐标形式如下。

15 ＜ 30

（3）球面坐标

球面坐标是极坐标在三维空间的推广。球面坐标用 3 个参数表示：空间坐标点距坐标原点的距离；空间坐标点与原点的连线在 XOY 坐标面内的投影与 X 轴正方向的夹角；空间坐标点与原点的连线与 XOY 坐标面的夹角。各参数之间用"＜"隔开。例如：

10 ＜ 45 ＜ 30

（4）柱面坐标

柱面坐标是极坐标在三维空间的另一种推广。柱面坐标也用 3 个参数表示：空间坐标点距坐标原点的距离；空间坐标点与原点的连线在 XOY 坐标面内的投影与 X 轴正方向的夹角；点的 Z 坐标值。其中距离和角度之间用"＜"隔开，角度值与 Z 坐标之间用逗号隔开。例如：

10 ＜ 45,15

2. 相对坐标

相对坐标是指相对于前一坐标点的坐标。相对坐标也有直角坐标、极坐标、球面坐标和柱面坐标 4 种形式，其输入格式与绝对坐标相同，但要在坐标前面加上符号@。例如，已知前一点的坐标为(15,12,28)，如果在输入点的提示后输入：

@2,5, -5

则相当于该点的绝对坐标为(17,17,23)。

2.2 绘图命令及编辑命令

AutoCAD 2014 提供了绘制直线、射线、多义线、圆弧、正多边形、矩形、椭圆等多种绘图工具，每一种绘图工具又提供了多种绘制方式，可以根据需要方便、快捷绘制图形。

2.2.1 绘图命令

AutoCAD 2014 绘图方式主要有 3 种：利用绘图命令、利用下拉菜单和利用工具栏。

1. 利用绘图命令或命令别名绘图

在命令提示行"Command:"后输入绘图命令或命令别名,按<Enter>键,根据提示行的提示信息进行绘图操作。

2. 利用下拉菜单绘图

AutoCAD 2014将大部分绘图命令放在了"绘图"下拉菜单中,可以完成基本绘图。

3. 利用工具栏绘图

AutoCAD 2014将主要的绘图命令放在了"绘图"工具栏中,工具栏中的每一个按钮与相应的绘图命令相对应,如图2-2所示。

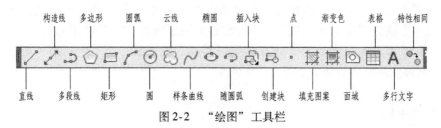

图2-2 "绘图"工具栏

表2-1列出了AutoCAD 2014创建二维基本图形对象的基本绘图命令及其功能。

表2-1 基本绘图命令及功能

菜 单	工具按钮	命令(命令别名)	功 能
直线(L)		LINE（L）	绘制直线段
射线(R)		RAY	绘制单向无限长线
构造线(T)		XLINE（XL）	绘制双向无限长线
多线(U)		MLINE（ML）	绘制复合线
多段线(P)		PLINE（PL）	绘制二维多段线
正多边形(Y)		POLYGON（POL）	绘制等边多边形
矩形(G)		RECTANG（REC）	绘制矩形
圆弧(A)		ARC（A）	绘制圆弧
圆(C)		CIRCLE（C）	绘制圆
修订云线(V)		REVCLOUD	绘制云线
样条曲线(S)		SPLINE（SPL）	绘制样条曲线
椭圆(E)		ELLIPSE（EL）	绘制椭圆或椭圆弧
点(O)		POINT/DIVIDE/MEASURE	绘点/等分对象/设置测量点
圆环(D)		DONUT（DO）	绘制圆环或填充圆

2.2.2 编辑命令

像绘图一样,实施编辑操作主要有3种方式:利用编辑命令、利用"修改"下拉菜单和利用"修改"工具栏。

AutoCAD 2014 将主要的编辑命令放在了"修改"工具栏中，如图 2-3 所示。

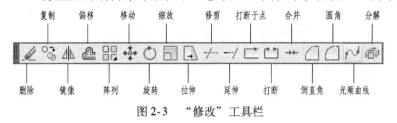

图 2-3　"修改"工具栏

1. 构造选择集

当执行编辑操作或进行某些其他操作时，AutoCAD 通常会提示：

选择对象：

此时要求用户选择将要进行操作的对象（可以是单个，也可以是多个），十字光标改变成小方框（称为拾取框）。所选中的图形对象即为选择集。选择集将以高亮线显示。

AutoCAD 2014 提供了许多构造选择集的方式。在"选择对象："提示后输入"?"后按 < Enter > 键，构造选择集的方式将被显示出来。下面介绍常用的几种方式。

（1）默认直接点取方式

用鼠标移动拾取框，移至所要选择的对象上，单击。这是较常用的一种方式。

（2）默认窗口方式

如果将拾取框移到图中空白处单击，系统将以默认窗口方式选择对象。AutoCAD 将提示用户输入另外一对角点，与前面输入的一点形成一个矩形窗口。如果矩形窗口是从左向右定义的，窗口之内的对象被选中；如果是从右向左定义的，则窗口之内的对象和与窗口相交的对象均被选中。

（3）全部（ALL）方式

在"选择对象："提示后输入"ALL"后按 < Enter > 键，AutoCAD 自动选中图中的所有对象。

（4）窗口（W）方式和交叉窗口（CW）方式

在"选择对象："提示后输入"W"后按 < Enter > 键，即为窗口方式，窗口之内的对象被选中；输入"CW"后按 < Enter > 键，即为交叉窗口方式，窗口之内的对象和与窗口相交的对象均被选中。这两种方式与矩形窗口的定义顺序无关。

（5）扣除（R）模式和加入（ADD）模式

在"选择对象："提示后输入"R"后按 < Enter > 键，系统转为"扣除模式："，将选中的对象移出选择集。

在"扣除模式："提示后输入"ADD"后按 < Enter > 键，系统转为"加入模式："，将选中的对象加入选择集。

2. 图形对象的编辑命令

表 2-2 列出了 AutoCAD 2014 编辑图形对象的主要命令及其功能。

表 2-2　编辑图形对象的命令及其功能

命　令	工具按钮	功　能	说　明
Erase		从图形中删除指定对象	用 OOPS 命令可以恢复最后一次用 ERASE 命令删除的对象
Copy		将对象复制到指定位置	确定基点时选择对象的特征点，如直线的端点、圆的圆心

命 令	工具按钮	功 能	说 明
Mirror		将对象按指定镜像线进行镜像复制	用于绘制对称图形
Offset		对指定的线作平行复制，对圆弧、圆等作同心复制	直接输入数值为定距离复制，输入 T（Through）为定点复制
Array		按矩形或环形方式多重复制对象	Rectangle 为矩形方式，Polar 为环形方式
Move		在指定方向上按指定距离移动对象	确定基点时选择对象的特征点
Rotate		将对象绕基点旋转指定的角度	
Scale		将对象按指定的比例因子相对于基点放大或缩小	0 < 比例因子 < 1，则缩小对象；比例因子 > 1，则放大对象
Stretch		移动或拉伸对象	被操作的对象可能会变形
Lengthen		改变线段或圆弧的长度	DY 为常用的动态改变对象的长度
Trim		用剪切边修剪对象，如果修剪对象与剪切边不相交，可以将其延伸至相交	先构造剪切对象（剪切边）集，后构造修剪对象（被剪边）集
Extend		延长指定的对象到指定的边界（边界边），如果对象与边界边交叉，还可以对其进行修剪	先确定边界边，后确定延伸边
Break		删除对象上的某一部分	要求输入两个断点，两点之间的部分被删除（如为圆则延逆时针方向删除圆弧）
		对象分成两部分	如第二断点输入@则对象被一分为二
		合并对象	
Chamfer		创建倒角	多段线（P）选项为在多段线的各顶点处均倒角
Fillet		创建倒圆角（用圆弧光滑连接两对象）	半径（R）选项可以改变圆弧的半径
Blend.		在两条开放曲线的端点之间创建相切或平滑的样条曲线	旋转端点附近的每个对象。生成的样条曲线的形状取决于指定的连续性。选定对象的长度保持不变
Explode		把组合对象分解成单个对象	

说明： 在执行编辑命令时，必须按 < Space > 键或 < Enter > 键从选择对象状态中退出，才能执行具体的编辑操作。

2.3 辅助绘图功能

适当的显示比例及区域、方便的对象捕捉功能以及正交绘图模式等辅助绘图功能可以使绘图变得更加得心应手。

2.3.1　对象捕捉功能（OSNAP）

在利用 AutoCAD 绘图时经常要用到一些特殊的点，例如圆心、切点、线段或圆弧的中点等。如果用鼠标准确地拾取这些点将是十分困难的。为此，AutoCAD 提供了对象捕捉功能，可以捕捉到一些已经存在的特殊点，从而迅速、准确地绘出图形。

1. 实现对象捕捉的方法

（1）直接利用对象捕捉命令

输入表 2-3 的关键词。

（2）利用"对象捕捉"工具栏

"对象捕捉"工具栏（图 2-4）的打开方法为：将光标移至工具栏区空白处，右击，弹出工具栏列表，单击选中"对象捕捉"即可。

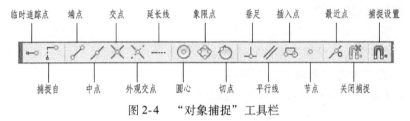

图 2-4　"对象捕捉"工具栏

（3）利用捕捉快捷菜单

打开菜单方法为：按下 <Shift> 键后，右击，弹出快捷菜单。

说明：对象捕捉命令不能独立使用，只能用于某一命令中。当命令提示行中提示输入一点时，或通过一点来确定某一距离时，才能实现对象捕捉。

2. 对象捕捉模式

表 2-3 列出了 AutoCAD 2014 所具有的对象捕捉模式。

表 2-3　对象捕捉模式

模　式	工具按钮	关键词	功　能
临时追踪点		TT	创建对象捕捉所使用的临时点
捕捉自		FROM	从临时参照点偏移
端点		END	捕捉线段或圆弧的端点
中点		MID	捕捉线段或圆弧等对象的中点
交点		INT	捕捉线段、圆弧、圆等对象的交点
外观交点		APPINT	捕捉两个对象的外观的交点
延长线		EXT	捕捉直线或圆弧的延长线
圆心		CET	捕捉圆或圆弧的圆心
象限点		QUA	捕捉圆或圆弧的象限点
切点		TAN	捕捉圆或圆弧的切点
垂足		PER	捕捉垂直于线、圆或圆弧上的垂足点

模 式	工具按钮	关键词	功　　能
平行线		PAR	捕捉与指定线平行的线上的点
节点		NOD	捕捉点对象
插入点		INS	捕捉块、形、文字或属性的插入点
最近点		NEA	捕捉离拾取点最近的线段、圆弧或圆等对象上的点
关闭捕捉		NON	关闭对象捕捉模式
捕捉设置			设置自动捕捉模式

3. 自动捕捉模式的设置

用户可以根据需要利用"草图设置"对话框设置一些常用的对象捕捉模式，绘图时AutoCAD能自动捕捉到已设捕捉模式的特殊点。调出"草图设置"对话框的方法如下。

- 右击状态栏中的"对象捕捉"按钮。
- "对象捕捉"工具栏中自动对象"捕捉设置"按钮。
- 下拉菜单"工具"→"草图设置"。
- 命令：DDOSNAP。

可以根据需要随时打开或关闭自动捕捉功能。方法如下：单击状态栏中的"对象捕捉"按钮或按功能键 < F3 >。

2.3.2　栅格捕捉功能（SNAP）及栅格显示功能（GRID）

利用栅格捕捉功能可以在屏幕上生成一个隐含的栅格（捕捉栅格）。这个栅格能够捕捉光标，约束它只能落在栅格的某个节点上。用户可以通过功能键 < F9 > 或单击状态栏中的"捕捉"按钮来实现栅格捕捉功能的启用与关闭。

利用栅格显示功能可以在屏幕上生成可见的栅格（显示栅格）。显示栅格的间距可以和捕捉栅格的间距相等，也可以不等。用户可以通过功能键 < F7 > 或单击状态栏中的"栅格"按钮来实现栅格显示功能的启用与关闭。

捕捉栅格和显示栅格的间距都可以用"草图设置"对话框进行设置。具体方法参照前述自动捕捉模式的设置。

说明：AutoCAD 提供两种栅格捕捉模式，即矩形捕捉模式（Rectangular Snap）和等轴测模式（Isometric Snap）。矩形捕捉模式也称标准模式（Standard），此模式下光标沿水平或垂直方向捕捉；等轴测模式下栅格和光标十字线已不再互相垂直，而是成绘制正等测轴测图时的特定角度，可以方便地绘制正等测轴测图。

2.3.3　正交功能（ORTHO）

AutoCAD 提供正交绘图模式，在此模式下，用户可以方便地绘出与当前 X 轴或 Y 轴平行的线段。用户可以通过功能键 < F8 > 或单击状态栏中的"正交"按钮来实现正交功能的启用与关闭。

说明：当捕捉栅格发生旋转或在等轴测模式下，在正交模式下绘出的直线仍与当前 X 轴或 Y 轴平行。

2.3.4 图形显示的缩放

在绘图时，用户可以根据需要将屏幕上对象的视觉尺寸放大或缩小，而对象的实际尺寸保持不变。下列 3 种方式可以完成此功能。

- 下拉菜单："视图（V）"→"缩放（Z）"。
- 工具选项板或工具栏：缩放。
- 命令：Zoom。

AutoCAD 提供多种缩放方式，如缩放菜单和工具栏所提供的。下面介绍几种常用的方式。

- 全部（A）方式：将全部图形显示在屏幕上。
- 范围（E）方式：最大化地显示整个图形。
- 上一步（P）方式：恢复上一次显示的图形。
- 窗口（W）方式：窗口缩放，最大化地显示窗口内的图形。

2.4 图层

图层是用户在绘图时用来组织图形的工具，是绝大部分图形处理软件均提供的功能。绘图时首先应对图层进行设置，在其后的绘图工作中就可利用图层进行更多的设置，实现图形的高效管理与组织。

2.4.1 图层概述

确定一个图形对象，除了要确定它的几何数据以外，还要确定诸如线型、线宽、颜色这样的非几何数据。例如：绘一个圆时，一方面要指定该圆的圆心与半径，另外还应确定所绘圆的线型和颜色等数据。AutoCAD 存放这些数据时要占用一定的存储空间。如果一张图样上有大量具有相同线型、颜色等设置的对象，AutoCAD 存储每一个对象时会重复地存放这些数据，这样会浪费大量的存储空间。为此，AutoCAD 提出了图层的概念。用户可以把图层想象成没有厚度的透明片，各层之间完全对齐，一层上的某一基准点准确地对准其他各层上的同一基准点。用户可以给每一图层指定绘图所用的线型、颜色和状态，并将具有相同线型和颜色的对象放到同一图层上。这样，在确定每一对象时，只需确定这个对象的几何数据和所在图层即可，从而节省了绘图的工作量和存储空间。

1. 图层的特点

AutoCAD 的图层具有以下特点。

1）系统对建立的图层数量没有限制，每个图层上绘制的图形对象也没有限制。一幅图中可以有任意数量的图层。

2）每一个图层由一个名称加以区别。当开始绘一幅新图时，AutoCAD 自动生成一个名为"0"的图层，这是 AutoCAD 的默认图层。其余图层需由用户定义。

3）一般情况下，同一图层上的对象应该是一种线型，一种颜色。用户可以改变各图层的线型、颜色和状态。

4）虽然可以建立多个图层，但只能在当前图层上绘图。

5）各图层具有相同的坐标系、绘图界限、显示时的缩放倍数。用户可以对位于不同图层上的对象同时进行编辑操作。

6）用户可以对各图层进行打开（ON）和关闭（OFF）、冻结（Freeze）和解冻（Thaw）、锁定（Lock）和解锁（Unlock）等操作，以决定各图层的可操作性。上述各操作的含义如下。

● 打开（ON）和关闭（OFF）：如果图层被打开，则该层上的图形在屏幕上显示出来，并能在绘图仪上输出。被关闭的图层仍是图的一部分，但关闭图层上的图形不显示也不能输出。

● 冻结（Freeze）和解冻（Thaw）：如果图层被冻结，则该层上的图形不能被显示和绘制出来，而且也不能参加图形之间的运算。被解冻的图层则正好相反。从可见性来说，冻结的图层和关闭的图层是相同的，但冻结的对象不参加处理过程中的运算，关闭的图层则可参加运算。所以在复杂的图形中冻结不需要的图层可以加快系统重新生成图形时的速度。注意，当前层不能被冻结。

● 锁定（Lock）和解锁（Unlock）：锁定图层并不影响其可见性，即锁定图层上的图形仍然显示出来，但是不能对锁定图层上的图形对象进行编辑操作。如果锁定层是当前层，仍可以在该层上作图。此外，还可以在锁定层上改变对象的颜色和线型，使用查询命令和对象捕捉功能。

2. 图层的颜色

图层的颜色，是指在该层上绘图时，对象颜色设置为 ByLayer 时所绘出的颜色。每一图层都应有一个相应的颜色。不同图层可以设置成不同颜色，也可以设置成相同颜色。

3. 图层的线型和线型比例

图层的线型，是指在该层上绘图时，对象线型设置为 ByLayer 时所绘出的线型。每一图层都应有一个相应的线型。不同图层可以设置成不同线型，也可以设置成相同线型。在所有新创建的图层上，AutoCAD 会按默认方式把该图层的线型定义为 CONTINUOUS，即实线线型。AutoCAD 提供了标准的线型库，用户可根据需要利用"线型管理器"对话框加载线型。调出此对话框的方法如下。

● 命令：LINETYPE。

● 下拉菜单："格式（O）"→"线型"。

● 工具栏："特性"→"线型"→"其他"。

当在屏幕上或绘图仪上输出的线型不合适时，可以通过线型比例因子来调整。改变线型比例因子的方法如下。

● 命令：ITSCALE。

● 利用"线型管理器"对话框中的"全局比例因子"编辑框。

4. 图层的线宽

图层的线宽，是指在该层上绘图时，对象线宽设置为 ByLayer 时所绘出的线宽。每一图层都应有一个相应的线宽。不同图层可以设置成不同线宽，也可以设置成相同线宽。

2.4.2 图层设置

AutoCAD 提供了"图层特性管理"对话框（如图 2-5 所示），可以方便地对图层的各项特性进行设置和管理，也可以利用"图层"工具栏（如图 2-6 所示）管理图层特性。调出"图层特性管理"对话框的方法如下。

- 命令：LAYER。
- 下拉菜单："格式（O）"→"图层"。
- 工具栏："图层"→📑。

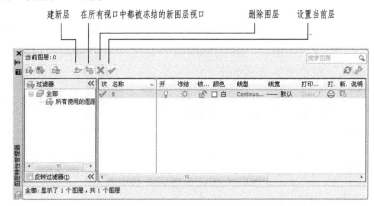

图 2-5　"图层特性管理器"对话框

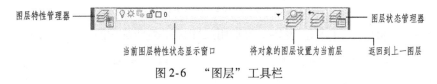

图 2-6　"图层"工具栏

2.4.3 特性工具栏

利用"特性"工具栏（如图 2-7 所示）可以方便地对线型、颜色以及线宽进行控制。

图 2-7　"特性"工具栏

2.5　文字及尺寸标注

利用 AutoCAD 2014，用户可以方便地标注单行文字或多行文字。还可以对已标注的文字进行编辑修改。由于多行文字书写界面操作简单，一般为首选方式。

2.5.1 文字标注

1. 文字标注及编辑

表 2-4 为文字标注方法及编辑的实现方式。

表 2-4 文字标注及编辑

功　能	实现方式		
	下拉菜单	工具按钮	命令
单行文字标注	绘图（D）→文字（X）→单行文字（S）	文字→AI	DTEXT
多行文字标注	绘图（D）→文字（X）→多行文字（M）	文字→A 绘图→A	MTEXT
文字编辑	修改（M）→对象（O）→文字（T）→编辑（E）	文字→A/	DDEDIT

2. 定义文字样式

文字样式包括所采用的文字字体以及标注效果（如字体格式、字的高度、高度比、书写方式等）等内容。标注文字前，一般应根据需要通过"文字样式"对话框设置文字的样式。调出"文字样式"对话框的方法如下。

- 命令：STYLE。
- 下拉菜单："格式（O）"→"文字样式（S）"。
- 工具栏："文字"→A。

2.5.2　尺寸标注

1. 尺寸标注类型及功能

AutoCAD 提供 3 种方式可以完成尺寸标注的功能：标注下拉菜单、"标注"工具栏和命令行输入。

图 2-8 为"标注"工具栏。表 2-5 为常用尺寸标注类型及功能。

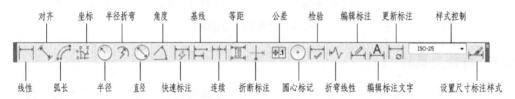

图 2-8　"标注"工具栏

说明：执行基线标注或连续标注命令之前，必须先标注出一尺寸，以确定基线标注或连续标注所需要的前一尺寸标注的尺寸界线。

表 2-5　常用尺寸标注类型及功能

菜单	工具按钮	命令	功　能
线性		DIMLIN	标注线段（两点之间）的水平长度或垂直长度或旋转某一角度的长度
对齐		DIMALIGNED	标注线段（两点之间）的长度
半径		DIMRADIUS	标注圆弧的半径
直径		DIMDIAMETER	标注圆的直径

(续)

菜单	工具按钮	命令	功　能
角度	△	DIMANGULAR	标注角度
基线	廿	DIMBASELINE	基线标注，各尺寸线从同一尺寸界线处引出
连续	⊞	DIMCONTINUE	连续标注，相邻两尺寸线共用同一尺寸界线
引线	☜	QLEADER	标注一些注释、说明以及几何公差等
公差	⊞	TOLERANCE	标注几何公差

2. 尺寸标注样式

如果要按照国家标准标注尺寸，利用 AutoCAD 提供的默认标注样式很难做到。用户必须创建新的尺寸标注样式。系统提供"标注样式管理器"对话框（图2-9）创建和修改尺寸标注样式，调出"标注样式管理器"对话框的方式如下。

- 命令：DIMSTYLE。
- 下拉菜单："标注"→"标注样式"。
- 工具栏："标注"→ ◢。

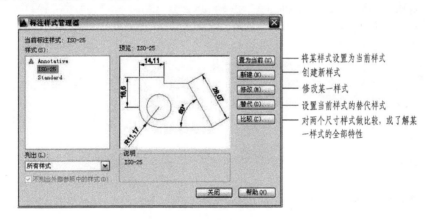

图2-9　"标注样式管理器"对话框

3. 尺寸标注的编辑

利用 AutoCAD 2014 提供的尺寸编辑功能（表2-6）可以对已标注的尺寸进行修改。

表2-6　尺寸编辑命令及功能

菜单	工具按钮	命令	功　能
编辑标注	⟋	DIMTEDIT	修改已标注的尺寸文字及尺寸线的位置
编辑标注文字	A	DIMEDIT	修改已标注尺寸中尺寸文字
更新标注	⟲	– DIMSTYLE	更新标注，使其采用当前的标注样式

2.6 绘制平面图形

绘制如图 2-10 所示平面图形。

绘图步骤：

1. 根据图形需要建立图层，设置颜色、线型、线宽

此图需要建立 3 个图层：粗实线层、点画线层、尺寸标注层。

2. 利用绘图命令及编辑命令绘制相应的图形

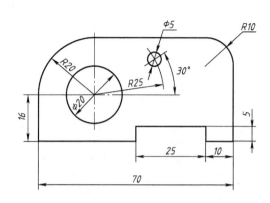

图 2-10 平面图形绘制

分析此图结构，可分 3 大步画图。

（1）画线

说明："↙"表示按〈Enter〉键。

命令：LINE ↙
指定第一点：（在绘图区域的右下角单击确定图形的右下角点，按〈F8〉键打开正交绘图状态）
指定下一点或〔放弃〕：<正交 开> 10 ↙（光标向左移动，输入 10 ↙）
指定下一点或〔放弃〕：5 ↙（光标向上移动，输入 5 ↙）
指定下一点或〔放弃〕：25 ↙（光标向左移动，输入 25 ↙）
指定下一点或〔放弃〕：5 ↙（光标向下移动，输入 5 ↙）
指定下一点或〔放弃〕：35 ↙（光标向左移动，输入 35 ↙）
指定下一点或〔放弃〕：36 ↙（光标向上移动，输入 36 ↙）
指定下一点或〔放弃〕：70 ↙（光标向右移动，输入 70 ↙）
指定下一点或〔放弃〕：c ↙

（2）倒圆

命令：fillet ↙
当前设置：模式 = 修剪，半径 = 0.000
选择第一个对象或〔放弃（U）/多线段（P）/半径（R）/修剪（T）/多个（M）〕：r ↙
指定圆角半径 <0.000>：10 ↙
选择第一个对象或〔放弃（U）/多线段（P）/半径（R）/修剪（T）/多个（M）〕：（单击右上角横线）
选择第二个对象，或按住 shift 键选择要应用角点的对象（单击右上角竖线，完成右上倒圆）
命令：fillet ↙
当前设置：模式 = 修剪，半径 = 10.000
选择第一个对象或〔放弃（U）/多线段（P）/半径（R）/修剪（T）/多个（M）〕：r ↙
指定圆角半径 <0.000>：20 ↙
选择第一个对象或〔放弃（U）/多线段（P）/半径（R）/修剪（T）/多个（M）〕：（单击左上角横线）
选择第二个对象，或按住 shift 键选择要应用角点的对象（单击左上角竖线，完成左上倒圆）

（3）画圆

命令：circle↙

指定圆的圆心或［三点（3P）/两点（2P）/相切、相切、半径（T）］：（捕捉左上角圆弧的圆心，单击）

指定圆的半径或［直径（D）］：10↙

命令：circle↙

指定圆的圆心或［三点（3P）/两点（2P）/相切、相切、半径（T）］：from↙

基点：（捕捉左上角圆弧的圆心，单击）

基点：＜偏移动＞：@25＜30 ↙

指定圆的半径或［直径（D）］：2.5↙

3. 根据尺寸外观的需要设置尺寸标注的样式

（1）将尺寸标注层设为当前层。

（2）将文字样式设置为 ISOCPEUR。

（3）设置尺寸标注样式。

1）新建 User_ N，用于一般尺寸标注。其与默认样式 ISO – 25 不同的设置如下：

● "线"选项卡

基线间距：设为7；超出尺寸线：设为2；起点偏移量：设为0。

● "调整"选项卡

单击"调整选项"选项组中的"箭头或文字（最佳位置）"单选按钮；选中"优化"选项组的"手动放置文字"复选框。

2）新建 User_ O，用于引出水平标注的尺寸。其与 User_ N 不同的设置如下：

● "文字"选项卡

点击"文字对齐"选项组的"水平"单选按钮。

● "调整"选项卡

点击"文字位置"选项组的"尺寸线上方，带引线"单选按钮。

3）新建 User_ A，用于标注角度尺寸。其与 User_ N 不同的设置如下：

● "文字"选项卡

选择"文字位置"选项组"垂直"下拉列表框中的"居中"；点击"文字对齐"选项组的"水平"单选按钮。

4. 利用相应的命令进行尺寸标注

1）将 User_ N 设为当前样式

● 利用 DIMLINEAR 命令标注尺寸5、16、10；

● 利用 DIMCONTINUE 命令标注尺寸25；

● 利用 DIMBASELINE 命令标注尺寸70；

● 利用 DIMDIAMETER 命令标注尺寸 ϕ20；

● 利用 DIMRADIUSE 命令标注尺寸 R20、R25。

2）将 User_ O 设为当前样式

● 利用 DIMDIAMETER 命令标注尺寸 ϕ5；

● 利用 DIMRADIUSE 命令标注尺寸 R10。

3）将 User_ A 设为当前样式

● 利用 DIMANGULAR 命令标注尺寸30°。

第3章 投影基础

工业生产的进行离不开工程图样，而工程图样是以投影原理为基础的。法国科学家蒙日在 1795 年系统地提出了以投影几何为主线的画法几何，把工程图的表达与绘制高度的规范化、唯一化，从而使得画法几何成为工程图的语法，工程图样成为工程界交流的语言。工程图样一般以投影准确表示对象的形状大小与结构，不同行业有不同的画法。

3.1 投影法

投影的概念由来已久，如中国古代的象形文字就是一种简单的投影表达，历经各代的发展，投影法已形成完整的体系，在社会生活、艺术表现及工业生产中发挥着不可或缺的作用。

3.1.1 投影法的基本概念

物体在光线的照射下，会在墙面或地面投下影子，这就是自然界的投影现象。投影法是将这一现象加以科学地抽象而产生的。如图 3-1a 所示，将 △ABC 置于空间点 S 和平面 P 之间，即构成一个完整的投影体系。点 S 称为投射中心，直线 SA、SB 和 SC 称为投射线，平面 P 称为投影面。直线 SA、SB 和 SC 与 P 面的交点 a、b 和 c，为点 A、B 和 C 在 P 面上的投影。这种将物体向投影面上投影的方法称为投影法。

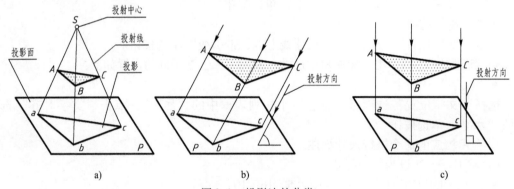

图 3-1　投影法的分类
a）中心投影法　b）斜投影法　c）正投影法

3.1.2 投影法的分类

投影法可分为中心投影法与平行投影法两类。

1. 中心投影法

如图 3-1a 所示，所有的投射线相交于投射中心，这种投影法称中心投影法。用中心投影法获得的投影大小是变化的：即空间物体距离投射中心越近时，投影越大，反之越小。中心投影法常用来绘制建筑物的透视图和产品的效果图。

2. 平行投影法

当投射中心距离投影面无限远时，所有投射线相互平行。这种投影法称为平行投影法。用平行投影法得到的投影，只要空间平面平行于投影面，则投影反映其真实的形状和大小。平行投影法又分为两种：斜投影法和正投影法。

1）斜投影法，即投射线倾斜于投影面的投影法，如图3-1b所示。

2）正投影法，即投射线垂直于投影面的投影法，如图3-1c所示。

机械图样采用正投影法绘制，斜投影法用来绘制轴测图。本书后续内容，除已指明的部分外，均采用正投影法。

3.2　点、直线和平面的投影

立体是由不同的组成表面围成的，而面是由不同控制框架线定型的，线可以看做是无数的点的集合，点、线、面的投影是学习立体投影的基础。

3.2.1　点的投影

1. 点在两投影面体系中的投影

（1）两投影面体系的建立

由投影的概念可知：空间点在一个投影面上的投影是唯一确定的，但仅知点的一个投影，却不能唯一确定该点的空间位置。为了解决这一问题，建立了两投影面体系。

空间互相垂直相交的两个平面，即构成一个两投影面体系，如图3-2a所示。其中一个平面水平放置，称为水平投影面 H；另一平面称为正立投影面 V。H 与 V 面的交线 OX 称为投影轴。

空间点 A 在两投影面体系中的投影，如图3-2a所示。过点 A 向 H 面作垂线，其垂足 a 即为点 A 的水平投影。过点 A 向 V 面作垂线，其垂足 a' 即为点 A 的正面投影。本书标记规定：空间点用大写字母表示，如 A、B、C 等；水平投影用对应的小写字母表示，如 a、b、c 等；正面投影用对应的小写字母加一撇表示，如 a'、b'、c' 等。

空间点 A 的两面投影图，如图3-2b所示。它是在图3-2a的基础上，规定 V 面不动，H 面向下旋转90°与 V 面成一平面，如图3-2b所示。由于投影面是无限大的，故投影图不画出投影面的范围，如图3-2c所示。

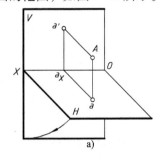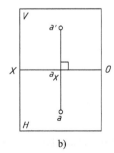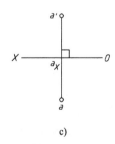

图3-2　点的两面投影

（2）点在两投影面体系中的投影规律

1）点的正面投影和水平投影的连线垂直于投影轴。如图3-2b和3-2c中，即 $a'a \perp OX$。

2）点的正面投影到 OX 轴的距离等于该点到 H 面的距离，即 $a'a_x = Aa$；点的水平投影到 OX 轴的距离等于该点到 V 面的距离，即 $aa_x = Aa'$。

2. 点在三投影面体系中的投影

（1）三投影面体系的建立

由前述内容可知，根据一个点的两面投影就可以确定该点的空间位置。但为了研究立体的投影，还需要建立三投影面体系。

三投影面体系是在两投影面体系的基础上，再增加一个与 H 面和 V 面均垂直的侧立投影面 W，如图 3-3a 所示。V、H 和 W 三个投影面互相垂直相交，产生三个投影轴：H、V 面的交线为 OX 轴；H、W 面的交线为 OY 轴；V、W 面的交线为 OZ 轴。三个投影轴的交点 O 称为原点。

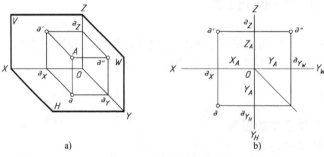

图 3-3　点的三面投影

空间点 A 在三投影面体系中有三个投影，即 a、a' 和 a''，其中 a'' 称侧面投影。

为了把点在空间三投影面的投影画在同一个平面上，如图 3-3b 所示，规定 V 面不动，H 面绕 OX 轴向下旋转 $90°$，W 面绕 OZ 轴向后旋转 $90°$，都与 V 面重合。OY 轴一分为二：随 H 面旋转的用 OY_H 标记，随 W 面旋转的用 OY_W 标记。去掉限制投影面大小的边框，就得到了点 A 的三面投影图。

（2）点在三投影面体系中的投影规律

由图 3-3 可以得出点在三投影面体系中的投影规律：

1）点 A 的正面投影和水平投影的连线垂直于 OX 轴，即 $a'a \perp OX$。

2）点 A 的正面投影和侧面投影的连线垂直于 OZ 轴，即 $a'a'' \perp OZ$。

3）点 A 的水平投影到 OX 轴的距离等于点 A 的侧面投影到 OZ 轴的距离，即 $aa_X = a''a_Z$。

3. 点的投影与直角坐标的关系

若把三投影面体系看作空间直角坐标系，H、V、W 面为坐标面，OX、OY、OZ 轴为坐标轴，O 为坐标原点，则点 A 的直角坐标 (x_A, y_A, z_A) 分别是点 A 至 W、V、H 面的距离，即

点 A 至 W 面的距离（$A{\rightarrow}W$）$= x_A$

点 A 至 V 面的距离（$A{\rightarrow}V$）$= y_A$

点 A 至 H 面的距离（$A{\rightarrow}H$）$= z_A$

点的每一个投影由其中的两个坐标决定：V 面投影 a' 由 x_A 和 z_A 确定，H 面投影 a 由 x_A 和 y_A 确定，W 面投影 a'' 由 y_A 和 z_A 确定。

由上述可知，空间一点到三个投影面的距离与该点的三个坐标有确定的对应关系。不论已知空间点到投影面的距离，还是已知空间点的三个坐标，均可以画出其三面投影图。反之，已知点的三面投影或两面投影，可以完全确定点的空间位置。

[**例3-1**]　已知空间点 A（18，13，15），点 B（10，20，6），试作 A、B 两点的三面投影图。

解　根据点的直角坐标和投影规律作图，如图 3-4a 所示。先画出投影轴 OX、OY、OZ，

再作点 A 的三面投影：由原点 O 向左沿 OX 轴量取 $Oa_X = 18$，过 a_X 作投影连线 $\perp OX$，在投影连线上自 a_X 向下量取 13，得水平投影 a；自 a_X 向上量取 15，得正面投影 a'；根据 a 和 a' 分别作垂直于 OY 和 OZ 的投影连线，利用 45°辅助线，作出侧面投影 a''。

利用同样的方法可以求得点 B 的三面投影图。A、B 两点的空间情况，如图 3-4b 所示。

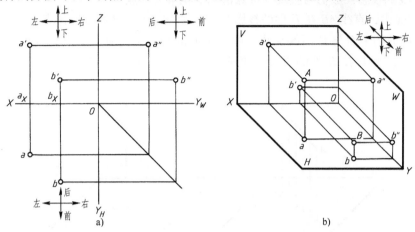

图 3-4　根据坐标作点的三面投影图

4. 两点的相对位置

两点的相对位置是指以某一点为基准，判别另外一点在该点的上下、左右和前后的位置关系，如图 3-4 中箭头所示。具体位置由两点的坐标差确定。［例 3-1］中，若以点 A 为基准，则点 B 在点 A 的右方 8（$x_A - x_B = 18 - 10$），下方 9（$z_A - z_B = 15 - 6$），前方 7（$y_A - y_B = 13 - 20$）。

5. 重影点及可见性的判别

当空间两点位于某一投影面的同一条投射线上时，则两点在该投影面上的投影必然重合，这两点就称为对该投影面的重影点。图 3-5a 中，A、B 两点为 H 面的重影点，C、D 两点为 V 面重影点，B、D 两点为 W 面重影点。

对重影点要判别可见性。因为重影点必有两个坐标相等，一个坐标不等，所以其可见性可以由两点不等的坐标来确定，坐标值大的为可见。如 A、B 两点的水平投影重合，因 $z_A > z_B$，所以点 A 的水平投影为可见，点 B 的水平投影为不可见，记作（b），如图 3-5b 所示。

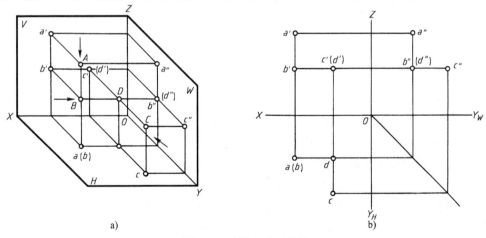

图 3-5　重影点及可见性

41

3.2.2 直线的投影

1. 基本投影特性

（1）直线的投影一般仍为直线，特殊情况下积聚为一点

在图3-6a中，直线 *AB* 在 *H* 面的投影为 *ab*。直线 *AB* 向 *H* 面投影是直线 *AB* 上无数个点的投射线所构成的平面与 *H* 面的交线，两个平面的交线必为直线。在图3-6b中，直线 *AB* 垂直于 *H* 面，因此其在 *H* 面的投影积聚成一点，为 *a*（*b*）。直线的这种投影特性称为积聚性。

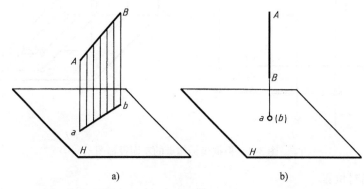

图3-6　直线的投影

因为两点可确定一条直线，因此可作出直线上的两点（一般取线段的两个端点）的三面投影，并将同面投影相连，即得到直线的三面投影，如图3-7所示。

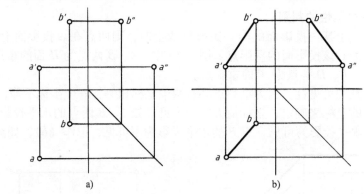

图3-7　直线的投影图

（2）直线上的点具有从属性和定比性

1）从属性：点在直线上，则点的投影必在直线的同面投影上。如图3-8所示，*C* 点在直线 *AB* 上，则 *c* 在 *ab* 上，*c'* 在 *a'b'* 上，*c"* 在 *a"b"* 上。

2）定比性：直线段上的点分割线段成定比，投影后保持不变，如图3-8中：

$$AC:CB = ac:cb = a'c':c'b' = a"c":c"b"$$

［**例3-2**］　已知点 *C* 在直线 *AB* 上并知其正面投影 *c'*，求其水平投影 *c*，如图3-9a所示。

解　根据直线上的点具有从属性和定比性，有两种作图方法。

方法1：利用从属性，先求出直线 *AB* 的侧面投影 *a"b"*，再按图中箭头方向，求出点 *C*

的水平投影 c，如图 3-9b 所示。

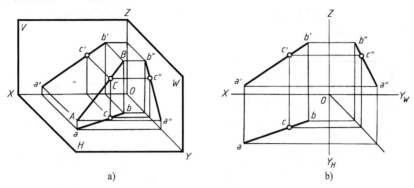

图 3-8　属于直线上的点

方法 2：利用定比性，过 a 任意引一条倾斜于 ab 的直线 ab_1，并取 $ab_1 = a'b'$。在直线 ab_1 上取 $ac_1 = a'c'$，过 c_1 作 $c_1c \parallel b_1b$，则 c_1c 与 ab 的交点 c 即为所求，如图 3-9c 所示。

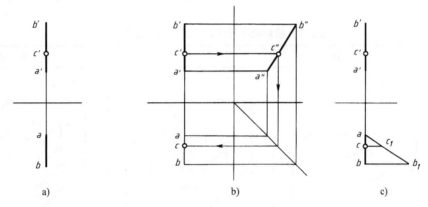

图 3-9　求 C 点的水平投影

2. 直线对投影面的相对位置

直线对投影面的相对位置有如下 3 种情况。

- 一般位置直线——与三投影面都倾斜的直线。
- 投影面平行线——平行于一个投影面，倾斜于另外两个投影面的直线。
- 投影面垂直线——垂直于一个投影面，必然平行于另外两个投影面的直线。

后两类直线又称为特殊位置直线。

直线对 H、V、W 面的倾角分别用 α、β、γ 表示。

（1）一般位置直线

一般位置直线如图 3-10 所示，其投影特性为：3 个投影长度均比实长短；3 个投影都倾斜于投影轴，但与投影轴的夹角并不反映 α、β、γ。

（2）投影面平行线

投影面平行线有 3 种：平行于 H 面的水平线；平行于 V 面的正平线；平行于 W 面的侧平线。

3 种投影面平行线的空间状况及投影特性见表 3-1。

由表3-1可知，投影面平行线的投影特性为：直线在所平行的投影面上的投影反映空间线段的实长；该投影与相应投影轴的夹角反映空间直线段与相应投影面的夹角；另外两个投影长度小于空间线段的实长。

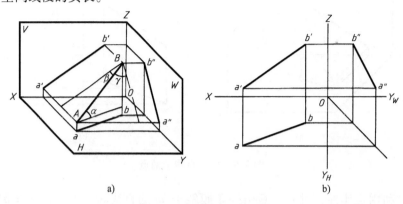

a)　　　　　　　　　　　　b)

图 3-10　一般位置直线

表3-1　投影面平行线的空间状况及投影特性

名　称	水 平 线	正 平 线	侧 平 线
直观图			
投影图			
投影特性	(1) $ab = AB$ (2) 反映 β、γ 实角 (3) $a'b' /\!/ OX$，$a''b'' /\!/ OY_W$	(1) $a'b' = AB$ (2) 反映 α、γ 实角 (3) $ab /\!/ OX$，$a''b'' /\!/ OZ$	(1) $a''b'' = AB$ (2) 反映 α、β 实角 (3) $a'b' /\!/ OZ$，$ab /\!/ OY_H$

（3）投影面垂直线

44

投影面垂直线有3种：垂直于 H 面的铅垂线；垂直于 V 面的正垂线；垂直于 W 面的侧垂线。

3种投影面垂直线的空间状况及投影特性见表3-2。

由表3-2可知，投影面垂直线的投影特性为：直线在所垂直的投影面上的投影有积聚性；另外两个投影反映空间线段的实长，并垂直于相应的投影轴。

表3-2　投影面垂直线的空间状况及投影特性

名　称	铅　垂　线	正　垂　线	侧　垂　线
直观图	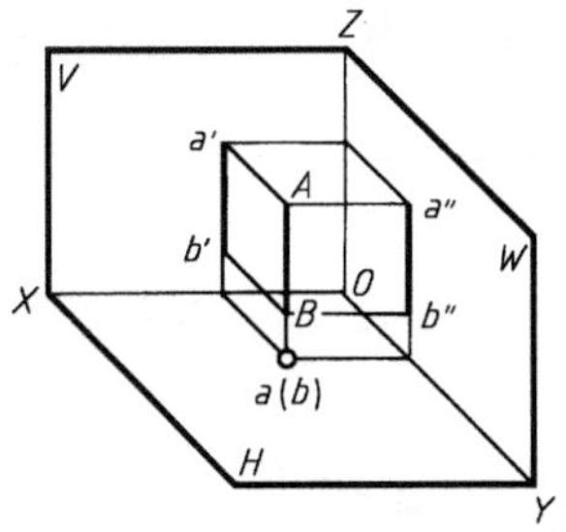	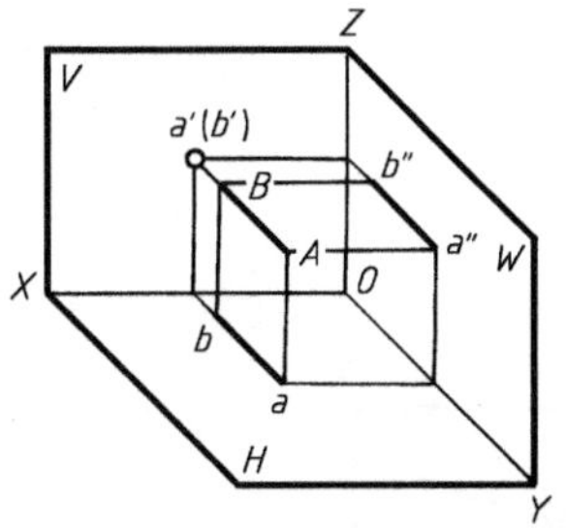	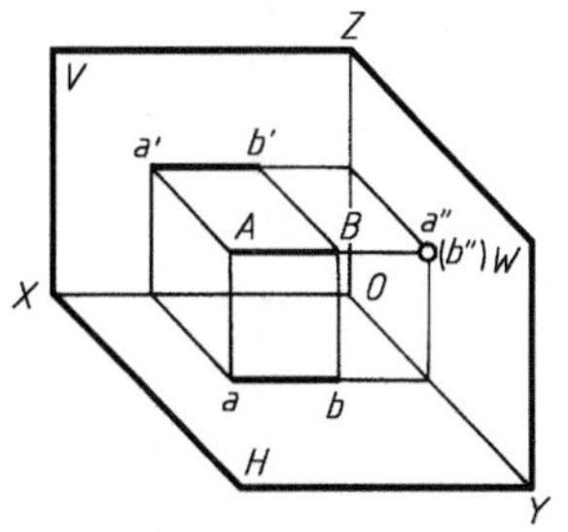
投影图	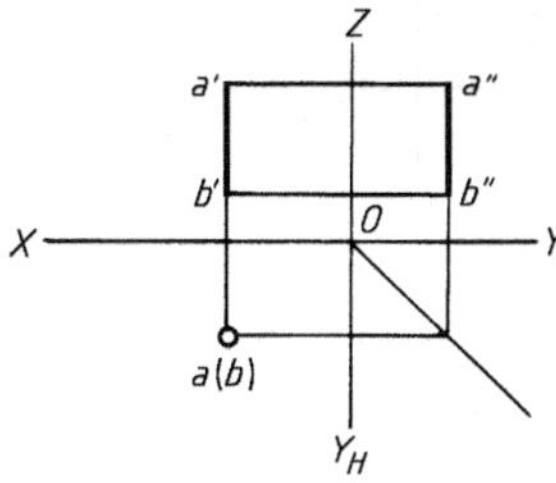	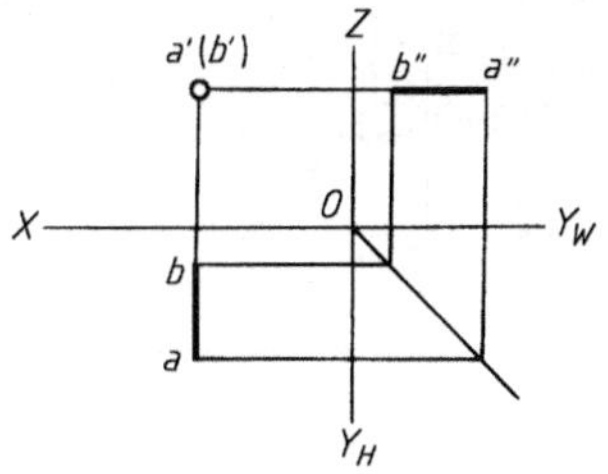	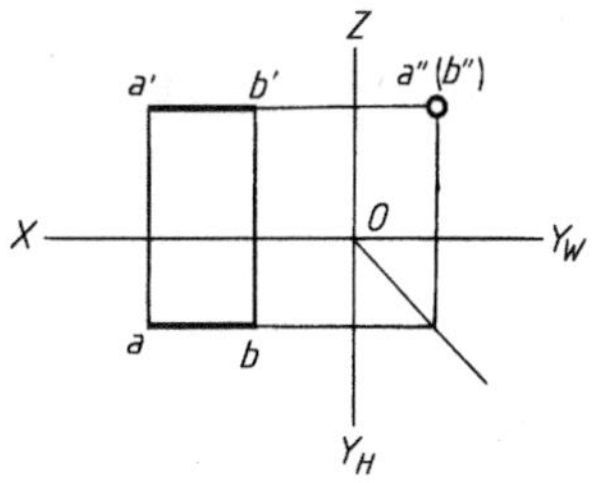
投影特性	(1) H 面投影积聚为一点 (2) $a'b' = a''b'' = AB$ (3) $a'b' \perp OX$, $a''b'' \perp OY_W$	(1) V 面投影积聚为一点 (2) $ab = a''b'' = AB$ (3) $ab \perp OX$, $a''b'' \perp OZ$	(1) W 面投影积聚为一点 (2) $a'b' = ab = AB$ (3) $a'b' \perp OZ$, $ab \perp OY_H$

3. 两直线的相对位置

空间两直线的相对位置有3种情况，即平行、相交和交叉。其中交叉两直线既不平行也不相交，又称为异面直线。下面分别分析它们的投影特性。

（1）平行两直线

平行直线的所有同面投影必互相平行，如图 3-11b 所示。因为 AB 与 CD 两直线平行，它们向投影面投影时，投影线组成的两个平面互相平行，即平面 $ABba \parallel CDdc$。所以，该两平面与投影面的交线，即 AB 与 CD 的投影必平行。故有 $ab \parallel cd$，$a'b' \parallel c'd'$，如图 3-11a 所示。

（2）相交两直线

相交直线的所有同面投影必相交，且交点的连线必垂直于相应的投影轴，如图 3-12b 所示。因为点 K 是 AB 与 CD 直线的共有点，所以两直线的各面投影必相交。又因各面投影相交点是空间同一个点 K 的投影，所以必然符合点的投影规律，如图3-12a 所示。

（3）交叉两直线

交叉两直线的投影特性既不符合平行两直线的投影特性，又不符合相交两直线的投影特

45

性。如图 3-13b 所示，虽然同面投影都相交，但交点的连线并不垂直于相应的投影轴。AB 与 CD 两线段的投影相交处，并不是两直线共有点的投影，而是两直线上点的投影的重合，如图 3-13a 所示。

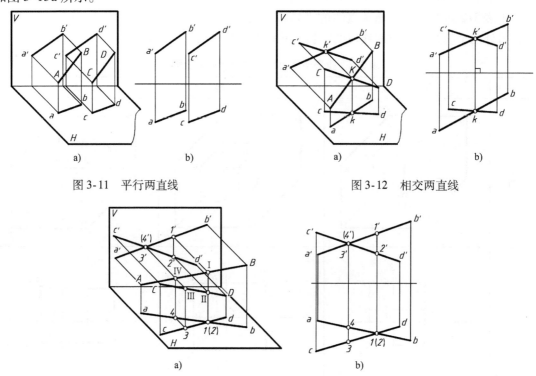

图 3-11 平行两直线

图 3-12 相交两直线

图 3-13 交叉两直线

交叉两直线投影相交处是重影点的投影，通过投影图判别其可见性，可确定两直线在空间的位置关系。具体判别方法及标记，参见前述重影点及可见性的判别内容。

根据上述两直线的相对位置的投影特性，可在投影图上解决作图和判别问题。在投影图上判别两直线的相对位置时，一般情况下任意选择两面投影即可判断。若两直线为特殊位置直线或其中之一为特殊位置时，必须有该直线所平行的投影面上的投影才能判断。例如，在图 3-14a 中，AB 与 CD 为侧平线；在图 3-14b 中，AB 为侧平线，CD 为一般位置直线，均需有其侧面投影后，才能最后判断为交叉两直线。

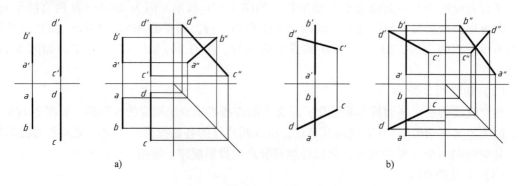

图 3-14 判别直线的相对位置

4. 直角投影定理

空间两直线垂直,若其中有一条直线平行于某一投影面,则两直线在该投影面上的投影成直角。反之,若两直线在某一投影面上的投影成直角,且其中有一条直线平行于该投影面,则空间两直线必垂直。

上述定理可由图 3-15 得到证明。图 3-15a 中,已知 $AB \perp BC$,$BC /\!/ H$ 面。因 $BC \perp Bb$,所以 $BC \perp$ 四边形 $ABba$。又因 $BC /\!/ bc$,则 $bc \perp ABba$,$bc \perp ab$。其投影图如图 3-15b 所示。

[例3-3] 过点 A 作一直线 AB,令 AB 与正平线 CD 垂直相交,如图 3-16a 所示。

解 已知 CD 为正平线,所作直线与其垂直相交,根据直角投影定理,两直线的正面投影必垂直相交。作图步骤如下。

1)过 a' 作 $a'b' \perp c'd'$,交 $c'd'$ 于 b'。
2)由 b' 向下作投影连线,交 cd 于 b。
3)连接 ab,则 ab 与 $a'b'$ 是所求直线 AB 的两面投影,如图 3-16b 所示。

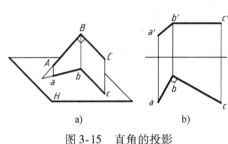

图 3-15 直角的投影

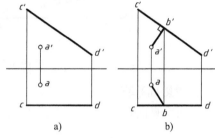

图 3-16 两直线垂直相交

3.2.3 平面的投影

1. 平面的表示法

初等几何中,可以用一组几何要素来确定平面,通常有 5 种情况:不在一条直线上的 3 个点,一直线和直线外一点,平行两直线,相交两直线和任意平面几何图形。如图 3-17 所示是用上述各几何要素所表示的平面的投影图。

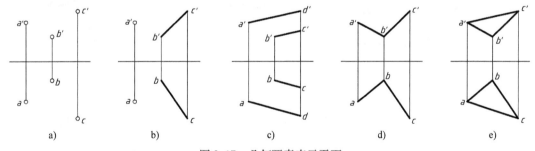

图 3-17 几何要素表示平面

a)不在一条直线上的 3 个点 b)一直线和直线外一点 c)平行两直线 d)相交两直线 e)任意平面几何图形

2. 平面对投影面的相对位置

平面对投影面的相对位置有 3 种情况:

- 一般位置平面——与三投影面都倾斜的平面。
- 投影面垂直面——垂直于某一投影面,倾斜于另外两个投影面的平面。

● 投影面平行面——平行于一个投影面，必然垂直于另外两个投影面的平面。

后两类平面又称为特殊位置平面。平面对 *H*、*V*、*W* 面的倾角分别用 α、β、γ 表示。下面分别介绍各种平面的投影特性。

（1）一般位置平面

一般位置平面如图 3-18 所示，其投影特性为：三面投影均为缩小的类似形。

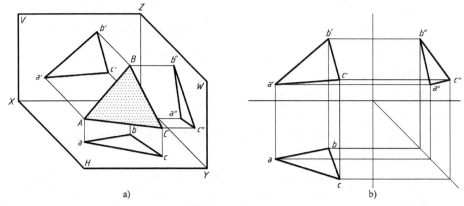

图 3-18　一般位置平面

（2）投影面垂直面

投影面垂直面有 3 种：垂直于 *H* 面的铅垂面；垂直于 *V* 面的正垂面；垂直于 *W* 面的侧垂面。

三种投影面垂直面的空间状况及投影特性见表 3-3。

表 3-3　投影面垂直面的空间状况及投影特性

名　称	铅　垂　面	正　垂　面	侧　垂　面
直观图			
投影图			
投影特性	（1）*H* 面投影积聚为直线 （2）*H* 面投影与 *OX*、*OY_H* 轴夹角反映平面对 *V*、*W* 面夹角 β、γ （3）*V*、*W* 面投影为缩小的类似形	（1）*V* 面投影积聚为直线 （2）*V* 面投影与 *OX*、*OZ* 轴夹角反映平面对 *H*、*W* 面夹角 α、γ （3）*H*、*W* 面投影为缩小的类似形	（1）*W* 面投影积聚为直线 （2）*W* 面投影与 *OZ*、*OY_W* 轴夹角反映平面对 *V*、*H* 面夹角 β、α （3）*H*、*V* 面投影为缩小的类似形

由表 3-3 可知,投影面垂直面的投影特性为:当平面垂直于某一投影面时,平面在所垂直的投影面上的投影积聚为直线,即平面内任何几何要素的投影都重合在该直线上,这种特性称为平面的积聚性。该积聚性投影与相应投影轴的夹角,反映空间平面与另外两个投影面的倾角。平面的另外两个投影均为缩小的类似形。

(3)投影面平行面

投影面平行面有 3 种:平行于 H 面的水平面;平行于 V 面的正平面;平行于 W 面的侧平面。

三种投影面平行面的空间状况及投影特性见表 3-4。

由表 3-4 可知,投影面平行面的投影特性为:平面在所平行的投影面上的投影反映空间平面的实形;另外两面投影积聚为直线,且平行于相应的投影轴。

表 3-4　投影面平行面的空间状况及投影特性

名　　　称	水　平　面	正　平　面	侧　平　面
直观图	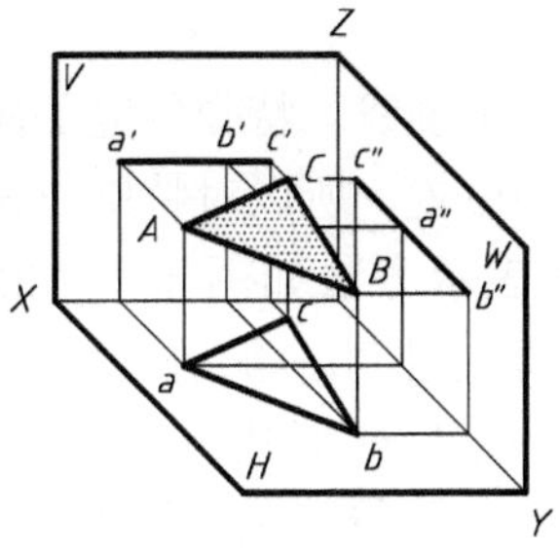	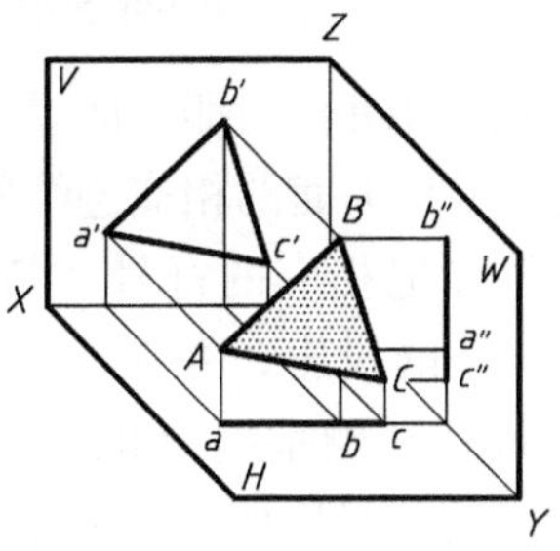	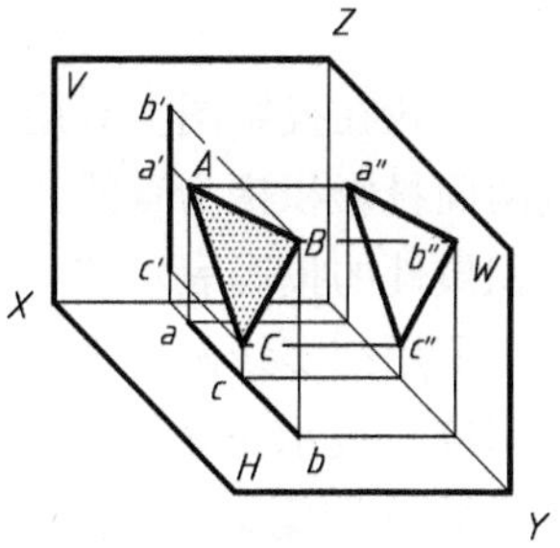
投影图	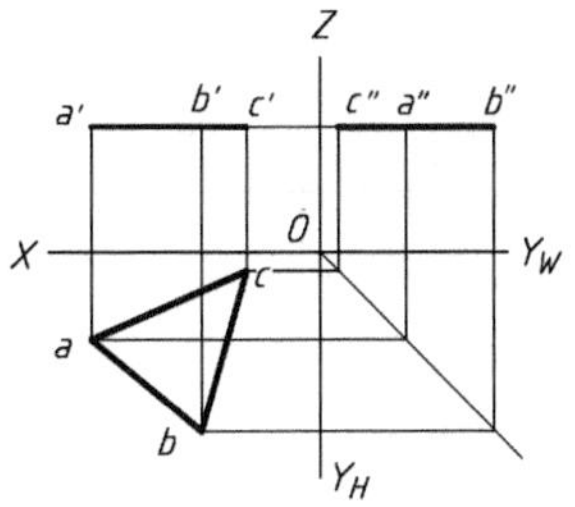	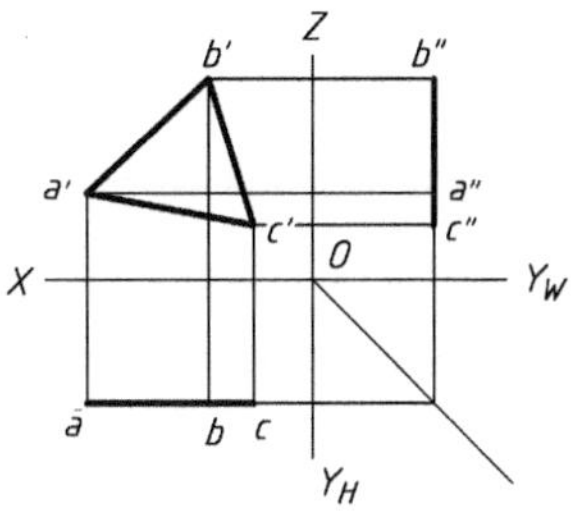	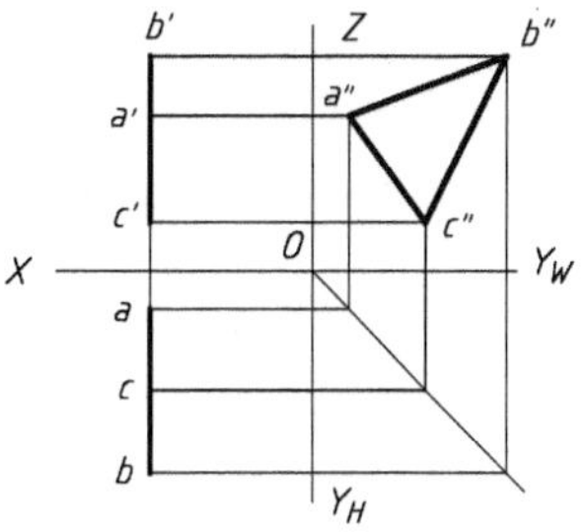
投影特性	(1) H 面投影反映实形 (2) V 面投影积聚为直线,且平行于 OX 轴 (3) W 面投影积聚为直线且平行于 OY_W 轴	(1) V 面投影反映实形 (2) H 面投影积聚为直线,且平行于 OX 轴 (3) W 面投影积聚为直线且平行于 OZ 轴	(1) W 面投影反映实形 (2) V 面投影积聚为直线,且平行于 OZ 轴 (3) H 面投影积聚为直线且平行于 OY_H 轴

3. 用迹线表示特殊位置平面

平面与投影面的交线称为平面的迹线,如图 3-19 所示,空间平面 P 与 H、V 和 W 面的交线称为 P 平面的三面迹线,分别记作 P_H、P_V 和 P_W。

迹线是平面与投影面的共有线,其一面投影与迹线本身重合,另外两面投影必与相应的投影轴重合。例如图 3-19 中的迹线 P_V，其正面投影与 P_V 重合，水平投影与 OX 轴重合，侧面投影与 OZ 轴重合。

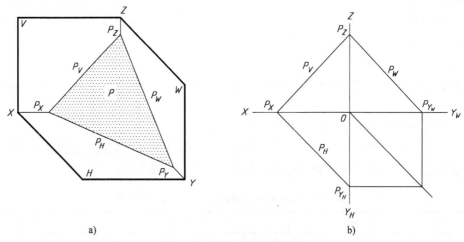

图 3-19　用迹线表示平面

　　一般在投影图上只用与迹线本身重合的那一面投影来表示迹线。特殊位置平面必有一面或两面投影积聚为直线，该直线也是平面的相应迹线所处的位置。所以对特殊位置平面就用有积聚性的投影表示该平面，并标记相应的符号。其具体表示方法如图 3-20 和图 3-21 所示，即用细实线画出平面有积聚性的投影，并在线段的一端注上相应的迹线符号。图 3-20 是用迹线表示正垂面 R、铅垂面 P 和侧垂面 Q 的投影图。图 3-21 是用迹线表示水平面 P、正平面 Q 和侧平面 S 的投影图。这些投影图可以完全确定相应的特殊位置平面的空间位置。

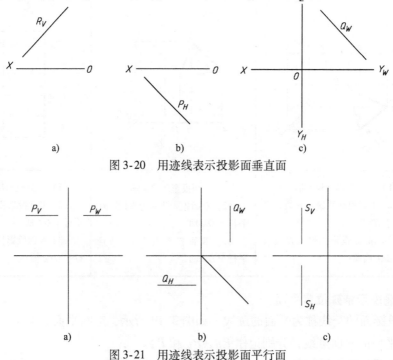

图 3-20　用迹线表示投影面垂直面

图 3-21　用迹线表示投影面平行面

4. 平面内的点和直线

（1）平面内取点和取直线

在投影图上取属于空间平面内的点和直线，必须满足下列几何条件：

1）在平面内取点，必须取自属于该平面的已知直线上。

图 3-22a 中，平面 P 由相交二直线 AB 和 BC 确定。若在 AB 上取点 M，在 BC 上取点 N，M、N 两点均取自属于 P 平面的已知直线上，则 M、N 两点必在 P 平面内。图 3-22b 表示在投影图中的作图情况。

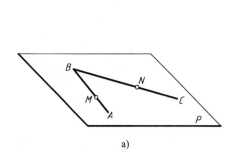
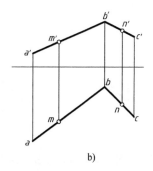

图 3-22　平面内取点

2）在平面内取直线，必须过平面内两已知点或过平面内一已知点且平行于该平面内的另一已知直线。

图 3-23a 中，平面 P 由相交二直线 AB 和 BC 确定。M、N 为该平面内的两已知点，过 M、N 两点的直线必在 P 平面内。图 3-23b 中，平面 P 由相交二直线 AB 和 BC 确定。点 L 属于 AB，是 P 平面上的已知点。过 L 作 LK // BC，则 LK 必在 P 平面内。图 3-23c 表示根据上述条件在投影图中的作图情况。

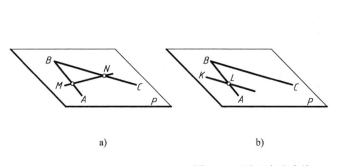
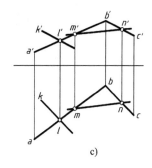

图 3-23　平面内取直线

由上述可知，在平面内取点，必先取直线；而平面内取直线，又必先取点，即必须遵循点、线互相利用的原则。

[例 3-4]　已知由平行两直线 AB 与 CD 所确定的平面内一点 K 的正面投影 k'，求其水平投影 k，如图 3-24a 所示。

解　点 K 属于平面，则 K 点必在平面内的一条已知直线上。其作图过程如图 3-24b 所示。先过 K（k'）任作直线 I II（1'2'）与 AB（a'b'）、CD（c'd'）相交，再由 1'、2'向下确定 1、2，连接 1、2，则直线 I II 必在平面内，k 必在 12 上。

[例3-5] 已知△ABC 和点 D 的两面投影，判别 D 是否在该平面内（如图3-25 所示）。

解 点 D 若在△ABC 内，必在属于该平面的直线上，否则点 D 就不在平面内。作图时先在平面内取辅助线 AⅠ，令 a'1'通过 d'，再求出 a1，看是否也通过 d，如图3-25 所示，d 不在 a1 上，故 D 不在△ABC 内。

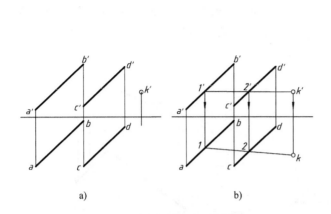

图3-24 确定点在平面内的位置   图3-25 判别点 D 是否在△ABC 平面内

[例3-6] 试在一般位置平面△ABC 内取水平线和正平线，如图3-26 所示。

解 在图3-26a 中，一般位置平面△ABC 内的直线 AD∥H 面，则称 AD 为该平面内的水平线，BE∥V 面，则称 BE 为该平面内的正平线。

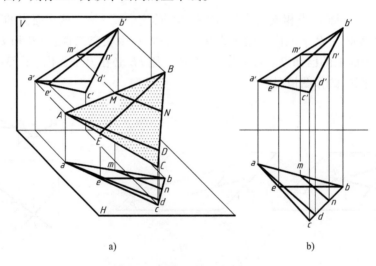

图3-26 平面内投影面的平行线

平面内投影面的平行线，是平面内的特殊位置直线，既属于平面，又具有投影面平行线的投影特性。在投影图上的作图过程如图3-26b 所示。过△ABC 上任意一点例如点 A，作水平线时，则应过 a'作 a'd'∥OX 轴，再由 d'得 d，连接 ad，则直线 AD（a'd'、ad）即为△ABC 内的水平线。用类似的方法，可在△ABC 内取正平线 BE（be、b'e'）。显然，同一平面内可取无数条水平线、正平线，它们互相平行。

（2）过已知点或直线作平面

过空间已知点 A 可作无数个平面。如图3-27a 所示，在点 A 外任取一直线 BC，则 A 和

BC 就确定了一个平面。

若过空间点 A 作投影面垂直面，也可以作无数个。图 3-27b 为过点 A 作的铅垂面 △ABC；图 3-27c 为过点 A 作铅垂面 P，用迹线 P_H 表示。其空间作图情况如图 3-27d 所示。

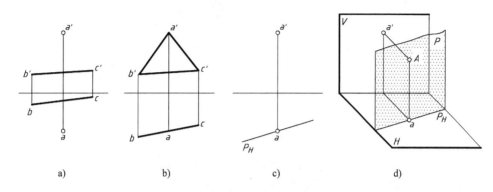

图 3-27　过已知点作平面

过空间已知点 A 作投影面平行面，则只能作一个。

过空间已知直线，可作无数个平面，只要在线外任取一点，即可构成。

过空间已知直线 AB 作投影面垂直面，总可以作出一个，一般用迹线表示。图 3-28 为过 AB 作正垂面 P（图 3-28a）和铅垂面 Q（图 3-28b）的空间情况及投影图。

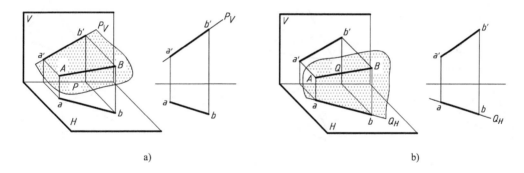

图 3-28　过已知直线作投影面垂直面

3.3　直线与平面、平面与平面的相对位置

直线与平面、平面与平面的相对位置分别有 3 种情况，即平行、相交和垂直。

3.3.1　平行问题

直线与平面平行的几何条件：如果平面外一直线和这个平面内的一直线平行，则此直线与该平面平行。反之，如果在一平面内能找出一直线平行于平面外一直线，则此平面与该直线平行。如图 3-29a 所示，AB 平行于 P 面内的 CD，故 AB 平行于 P 面。

两平面互相平行的几何条件是：如果一平面内的相交二直线对应平行于另一平面内的相交二直线，则这两个平面互相平行，如图 3-29b 所示。图中 AB∥DE，BC∥EF，故 Q∥R。

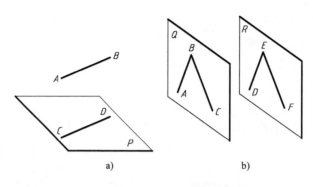

a)

b)

图 3-29 平行问题

[例 3-7] 过 K 点作一正平线 KL 与 △ABC 平面平行，如图 3-30a 所示。

解 在空间过已知点 K 可作无数条与已知平面平行的直线，但其中与 V 面平行的只有一条。根据直线与平面平行的几何条件，先在 △ABC 平面内取一条正平线 CD，作 $cd // OX$，得 $c'd'$，再过 k' 作 $e'f' // c'd'$，过 k 作 $ef // cd$，则 EF 是平行于 △ABC 的正平线。图 3-30b 为作图过程。

[例 3-8] 判别已知直线 MN 是否平行于已知平面△ABC，如图 3-31 所示。

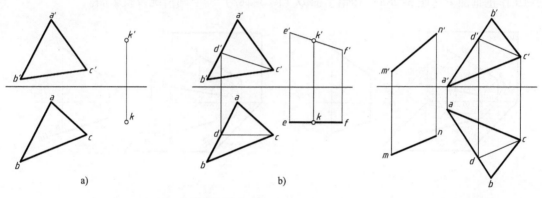

a)

b)

图 3-30 过点作直线平行于已知面

图 3-31 判别直线与
平面是否平行

解 如果能在 △ABC 中找出一直线与 MN 平行，则 $MN // $△$ABC$，否则就不平行。先在 △$ABC$ 内取 CD，令 $cd // mn$，再求出 $c'd'$，可以看出 $c'd'$ 不平行于 $m'n'$，因此 MN 不平行于△ABC。

[例 3-9] 过点 K 作一平面平行于△ABC，如图 3-32a 所示。

解 根据两平面互相平行的几何条件，过点 K 作一对相交直线分别对应地平行△ABC内的任意一对相交直线，即为所求。为作图简便，过点 K 作 $KM // AC$，$KN // BC$。在投影图中，先过 k' 作 $k'm' // a'c'$、$k'n' // b'c'$；再过 k 作 $km // ac$、$kn // bc$，则由 KM 和 KN 相交二直线所确定的平面必平行△ABC，如图 3-32b 所示。

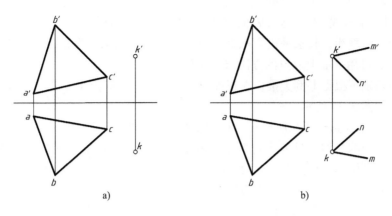

a)   b)

图 3-32   过点作平面平行于已知面

3.3.2   相交问题

直线与平面相交，必有一个交点，交点是直线与平面的共有点。两平面相交，必有一条交线，交线是两面的共有线，由两平面上的一系列共有点组成。

研究相交问题，即在投影图上确定交点、交线的投影，并判别直线、平面投影的可见性。交点是线面投影后可见性的分界点，交线是面面投影后可见性的分界线。

当相交两几何要素之一与投影面处于特殊位置时，可利用投影的积聚性及交点、交线的共有性，在投影图上确定交点、交线的投影。

[例 3-10]   求直线 AB 与 $\triangle CDE$ 的交点 K，如图 3-33 所示。

解 $\triangle CDE$ 是正垂面，正面投影有积聚性。交点 K 是 $\triangle CDE$ 和 AB 的共有点，所以其正面投影必在 $\triangle CDE$ 和 AB 正面投影的相交处；其水平投影也应在 AB 的水平投影上，作图过程如图 3-33a 所示，K（k'、k）即为所求交点。

水平投影中，ab 有一部分被 $\triangle cde$ 遮挡，需判别其可见性。可依据重影点判别，除 k 点外，ab 与 $\triangle cde$ 重叠部分均为重影点的投影。可任取其中一对重影点，图中取 AB 上的 I 点（$1'$、1）和 CD 上的 II 点（$2'$、2），显然 I 点的 z 坐标大于 II 点的 z 坐标。因此，对水平投影来说，AK 在 CD 的上方，也就是在 $\triangle CDE$ 的上方，是可见的。而 KB 是不可见的，用虚线表示。

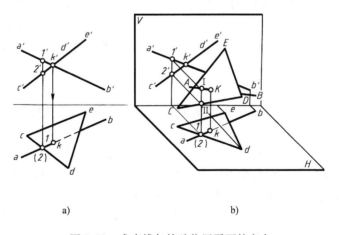

a)   b)

图 3-33   求直线与特殊位置平面的交点

[例3-11] 求直线 AB 与 $\triangle CDE$ 的交点 K，如图 3-34 所示。

解 直线为铅垂线，其水平投影积聚为一点。交点 K 的水平投影必与该点重合，K 也是 $\triangle CDE$ 内一点，可用平面上取点的方法求其正面投影。

可见性的判别可根据上例类推，在正面投影中取一对重影点 $Ⅰ$、$Ⅱ$（$Ⅰ$ 在 CD 上，$Ⅱ$ 在 AB 上），结果如图 3-34 所示。

[例3-12] 求四边形 $ABCD$ 与 $\triangle EFG$ 的交线 MN，如图 3-35 所示。

解 求两平面的交线，只要求得两个共有点即可。现四边形平面为铅垂面，$\triangle EFG$ 的边 EF、EG 为一般位置直线，求出该两直线与平面的交点，其连线即为两平面的交线。分别由水平投影的 m、n 确定 m'、n'，则 MN（$m'n'$、mn）即为所求。

可见性判别结果如图 3-35 所示。

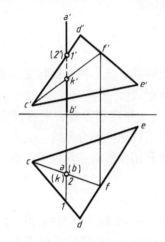

图 3-34 求特殊位置直线与平面的交点

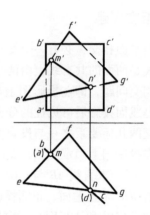

图 3-35 一般位置平面与铅垂面相交

3.3.3 垂直问题

垂直问题包括直线与平面垂直、两平面垂直，这里仅研究特殊情况下的线、面垂直和面、面垂直。

[例3-13] 过 L 点作一直线 LK，使 $LK \perp \triangle ABC$ 平面，如图 3-36 所示。

解 图 3-36a 为空间状况，由于 $\triangle ABC$ 为铅垂面，则垂直于该平面的直线 LK 必为水平线。水平投影中 $lk \perp abc$，正面投影 $l'k'$ 平行于投影轴。其作图过程如图 3-36b 所示，过 l 作 $lk \perp abc$，过 l' 作 $l'k'$ 平行于投影轴，由 k 得 k'，则 LK（$l'k'$、lk）即为所求。其中水平投影 lk 反映空间点 L 到 $\triangle ABC$ 的真实距离。

如果已知平面 $\triangle ABC$ 为正垂面或侧垂面，则其垂线 LK 是什么位置直线？应如何作图？请读者自行分析。

[例3-14] 过 L 点作一平面垂直于 $\triangle ABC$ 平面，如图 3-37 所示。

解 由图 3-37a 可知，若直线 MN 垂直 P 面，则包含 MN 的任意平面 Q、R 等都垂直于 P 面。其投影图如图 3-37b 所示。由于 $\triangle ABC$ 为铅垂面，可按 [例3-13] 的方法过 L 点作该平面的垂线，再过 L 点任引一直线，则相交两直线 LK 与 LD 所确定的平面即为所求。

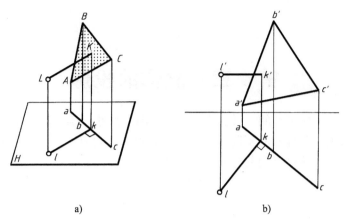

a)   b)

图 3-36   过点作直线垂直于铅垂面

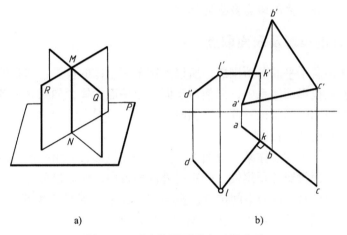

a)   b)

图 3-37   过点作平面垂直于铅垂面

第4章 立体的投影

任何立体都占有一定的空间，并具有一定的形状和大小，确定其大小的是组成它的所有表面。按照立体表面几何性质的不同，可分为平面立体和曲面立体。本章将研究这两类立体的投影及表面取点、立体被平面截切和两立体相交。

4.1 平面立体

平面立体的各组成表面均为平面，相较于曲面立体的投影简单一些，本着由简至难的原则，本章首先研究平面立体的取点及截切问题。

4.1.1 平面立体的投影及表面取点

由于平面立体由若干平面图形围成，所以绘制平面立体的投影，即是绘制构成平面立体各表面的投影。在三投影面体系中，即使对于同一个平面立体，如果立体各表面相对投影面的位置不同，其投影图的形状也不同。绘图时，必须正确分析立体各表面对投影面的位置，一般先绘制反映实形的那面投影。

立体表面取点，即已知立体某一表面上一点的一面投影，运用平面内取点和取直线的方法，或运用点所在平面投影的积聚性，确定另外两面投影的作图过程。

[例4-1] 已知正六棱柱的空间位置，及棱柱表面上点 K 的正面投影 k'，如图 4-1a 所示，绘制其三面投影图，并求点 K 的另外两面投影。

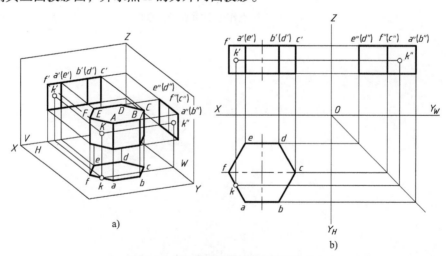

图 4-1 正六棱柱的投影及表面取点

解 分析各表面的相对位置。由图 4-1a 可知，顶面与底面为水平面，其水平投影反映实形，另外两面投影积聚为直线段。AB 与 DE 棱面为正平面，其正面投影反映实形，另外两面投影积聚为直线段。其余 4 个侧棱面均为铅垂面，其水平投影积聚为直线段，另外两面投影均为缩小的类似形。

由上述分析可知,正六棱柱三面投影的形状是:水平投影为正六边形,正面投影为3个相邻的矩形,侧面投影为两个相邻的矩形。

绘制投影图时,先画反映顶面与底面实形的水平投影,即绘出正六边形。然后,再根据 H、V 面投影间的规律及立体上对应点之间的 Z 坐标差值,绘出正面投影。最后,由正面投影和水平投影,按投影规律绘出侧面投影,如图 4-1b 所示。

为求立体表面上点 K 的另外两面投影,首先根据已知的点投影 k' 的位置及其可见性,判定点 K 在立体哪个表面上。然后,即可根据平面内取点的原理绘图。若点所在表面的投影有积聚性,则利用投影的积聚性直接取点。

在图 4-1b 中,根据 k' 可见及其位置,可确定点 K 在 FA 棱面上,利用该表面水平投影的积聚性,即可直接由 k' 求得 k,再由 k' 及 k 得 k'',点 K 的三面投影均为可见。

由于立体上几何要素之间的相对位置并不因立体距离投影面的高低、远近而改变,所以立体投影的形状和大小与立体距投影面的距离无关。所以今后绘图时可把投影轴省略不画,而水平投影与侧面投影仍可用 45°的斜线保持联系。这种投影图叫无轴投影图,如图 4-2 所示。为使图形清晰,绘图时,不必标出水平投影与侧面投影之间的相同 Y 坐标差值,而直接用分规量取即可。

[例 4-2] 已知正三棱锥的空间状况及棱面 SAB 上一点 K 的正面投影 k',绘出三面投影图,并求点 K 的另外两面投影,如图 4-3a 所示。

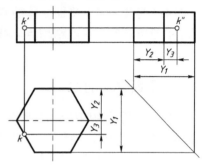

图 4-2　正六棱柱的无轴投影图

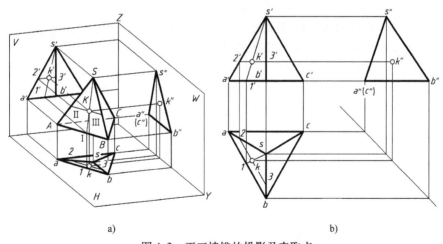

a)　　　　　　　　　　　　b)

图 4-3　正三棱锥的投影及表取点

解　由图 4-3a 可知,底面 $\triangle ABC$ 为水平面,其水平投影反映实形。因棱线 AC 为侧垂线,故棱面 $\triangle SAC$ 为侧垂面,其侧面投影积聚为直线。棱线 SB 为侧平线,棱面 SAB 和 SBC 均为一般位置平面。

图 4-3b 为正三棱锥的三面投影图。绘图时,先绘制水平投影,再绘制正面投影。最后,

由正面投影和水平投影，按投影规律绘出侧面投影。

由于点 K 所在棱面为一般位置平面，三面投影均无积聚性，故只能用辅助线方法取点，常用过锥顶或平行于底面的辅助线。在图 4-3a 中，在棱面 SAB 内，过点 K 引出两条辅助线，即 S Ⅰ 和 Ⅱ Ⅲ，其中 Ⅱ Ⅲ // AB。作图过程见图 4-3b，过 k′ 引 s′1′，由 1′ 得 1，连接 s1，再由 k′ 得 k。最后由 k′ 及 k 得 k″。由于棱面 △SAB 三面投影均可见，故点 K 的三面投影均为可见。

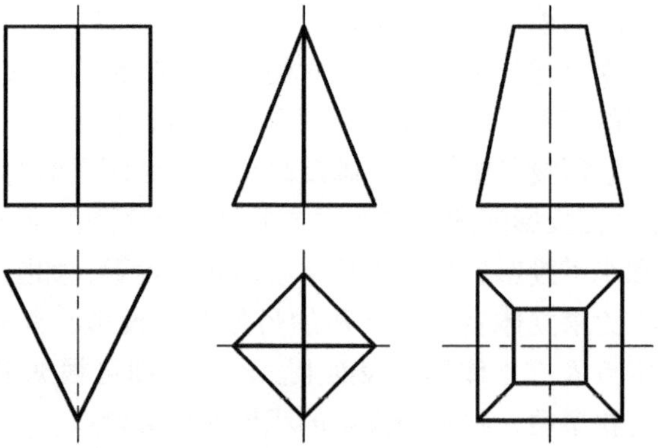

图 4-4 是几种常见平面立体的两面投

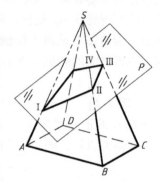

图 4-4　常见平面立体的投影
a) 正三棱柱　b) 正四棱锥　c) 正四棱台

影图。画投影图时，一般都用点画线将立体的对称平面画出，且此对称线应超出图形轮廓 3～5mm。

4.1.2　平面立体的截切

如图 4-5 所示为四棱锥被 P 平面截切的空间状况。截切四棱锥的平面 P 称为截平面，截平面 P 与四棱锥的三个棱面的交线 Ⅰ Ⅱ、Ⅱ Ⅲ、Ⅲ Ⅳ 和 Ⅳ Ⅰ 称为截交线，截交线所围成的平面图形 Ⅰ Ⅱ Ⅲ Ⅳ 称为截断面。

截断面的形状是随立体表面形状及截平面与立体表面的相对位置不同而变化。尽管形状各异，但因平面立体是一个封闭的实体，故其截断面必为一个封闭的多边形。这个多边形的各边就是截交线，而多边形的各个顶点就是截平面与平面立体各棱线的交点。由以上分析可知，求截断面的投影，实质上是求截交线的投影。因此，在投影图上确定出各顶点的投影并连线，或确定出各边的投影即可。

图 4-5　平面截切四棱锥

［例 4-3］　求正四棱锥被正垂面 P 切去锥顶后的水平投影，如图 4-6 所示。

解　由于截平面 P 与四个棱面均相交，故截断面必为四边形。因截平面 P 是正垂面，交点的正面投影 1′、2′、3′、4′ 可利用 P_v 的积聚性直接求出。Ⅰ、Ⅲ 分别是 SA、SC 上的点，在 sa、sc 上可直接求出 1 和 3。由于 Ⅱ、Ⅳ 两点位于侧平线上，所以，可采用表面取点的方法，作 4′k′ // d′c′，再由 k′ 得 k，再作 k4 // dc，得到 4，同理可得到 2。连接 1、2、3 和 4 即为截断面的水平投影。

［例 4-4］　求正四棱柱被平面 P 截切后的投影，如图 4-7 所示。

解　如图 4-7 所示，截平面 P 为正垂面，其与四棱柱的 4 个侧面及顶面均相交，故截断面应为五边形。

因截交线是截平面与立体表面的共有线，现截平面 P 为正垂面，其正面投影有积聚性，故截交线的正面投影即为直线段，a′、b′、c′、d′ 和 e′ 为 5 边形 5 个顶点的正面投影。其中，a′、b′ 和 e′ 是 3 条棱线与 P 面交点的正面投影，c′、d′ 点是 P 面与顶面交线（正垂线）CD 两个端点的正面投影。由各点的正面投影得各点的水平投影，并连接 cd，则五边形 abcde 为截交线的水平投影。根据截交线的正面投影和水平投影即可求出其侧面投影五边形 $a''b''c''d''e''$，侧面投影中有一段不可见的棱线，该部分应画成虚线。

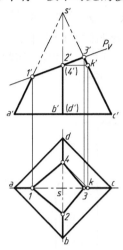 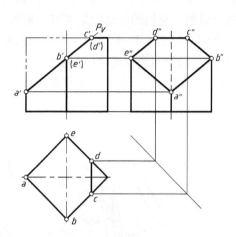

图 4-6　正四棱锥被正垂面截切　　　　　　　图 4-7　四棱柱被平面截切

工程上立体不仅可以被单一平面截切，还经常被一组平面截切，即立体被开槽或穿孔。它与单一平面截切立体的差别，在于增加了截平面之间的交线。其作图的关键问题仍然是分析并确定每一部分交线的形状，对较复杂的问题，可取截交线上某一些特征点求解。

[**例 4-5**]　已知切口的正四棱柱，如图 4-8a 所示，画出其三面投影图。

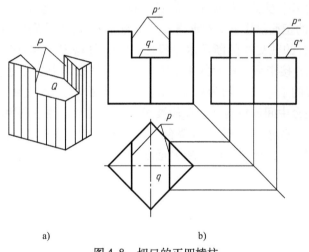

a)　　　　　　　　　　　　b)

图 4-8　切口的正四棱柱

解　由图 4-8a 可知，正四棱柱上部被两个左右对称的侧平面 P 和一个水平面 Q 截切，并去掉一部分后所形成的新的平面立体。每一侧平面 P 和棱柱的顶面、两侧面及 Q 面相交，其截断面为矩形，矩形的其中一条边是 P 面与 Q 面的交线。Q 面和棱柱的 4 个侧面及两个 P 面相交，截断面为六边形。

图 4-8b 为三面投影图。绘图时，可先绘制正面投影，由于 3 个截平面正面投影有积聚性，所以截交线积聚为直线段。再绘制水平投影，两 P 面的截断面投影积聚为直线段，而 Q 面的截断面投影为实形（六边形）。最后根据正面投影和水平投影，按投影规律绘出侧面投

影，其中，积聚为直线段的 Q 面投影，有一部分被遮挡，图中用虚线画出。

[例4-6] 已知穿通孔的四棱台，如图 4-9a 所示，绘出其三面投影图。

解 由图 4-9a 可知，四棱台中间的通孔是由两个水平面 Q_1、Q_2 和两个侧平面 P_1、P_2 截切所形成的，它们的正面投影都有积聚性。水平面 Q_1 和 Q_2 与四棱台的 4 个侧棱面相交，并与两个侧平面 P_1、P_2 相交，所形成的截断面应是六边形，它们的水平投影反映实形。侧平面 P_1、P_2 均与四棱台的前后两棱面相交，并与 Q_1、Q_2 相交，所形成的截断面应是梯形，其侧面投影反映实形，水平投影积聚成直线。

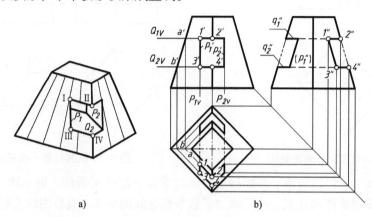

图 4-9 四棱台被穿通孔

作图时，先绘制水平投影。假设水平面 Q_1、Q_2 将四棱台完整截切，则可通过它们与左棱面的两交点 A、B 的正面投影 a'、b' 求得 a、b，然后过 a、b 分别作出棱台底边的平行线，即得 Q_1、Q_2 面和棱台的截交线的断面水平投影。Ⅰ、Ⅲ 是 P_1 面与棱台前表面的交线，其水平投影可由 $1'$、$3'$ 直接求得。棱台的 4 个侧棱面在水平投影中是可见表面，所以 4 个截切平面与棱台表面交线的水平投影均为可见。但 P_1、P_2 面与 Q_1 面交线的水平投影是不可见的，应绘成虚线。棱台中间的棱线 Ⅱ、Ⅳ 段被切去。作图时，注意利用图形的对称性。

绘制侧面投影时，先绘出完整的四棱台，再将 Q_1、Q_2 面的积聚性投影 q_1''、q_2'' 画出，根据点的投影求得 $1''$、$3''$，也即绘出反映 P 面实形的梯形 p_1''，最后擦去前后两棱线上的 $2''$、$4''$ 段，即为所求。

4.2 曲面立体

由曲面或由曲面与平面围成的立体称为曲面立体。本章仅研究常见的圆柱体、圆锥体、圆球体。由于这些曲面立体的表面都是由回转面或回转面与平面组成，所以又称为回转体。

4.2.1 曲面立体的投影及表面取点

绘制曲面立体的投影，即绘制组成曲面立体的回转面和平面的投影。其中各种回转面都是按一定规律形成的，如图 4-10 所示。

回转面可分析为一动线绕固定轴线回转形成。该动线称为母线。母线 AB（动线）与轴线平行，并绕轴回转，形成圆柱面，如图 4-10a 所示；母线 AB 与轴线相交，保持交角不变，绕轴回转，形成圆锥面，如图 4-10b 所示；母线圆 O 绕某一直径的轴线回转，形成圆球面，如图 4-10c 所示。母线的每一个具体位置称素线，如图中的 A_1B_1、A_2B_2、AB_1、AB_2 等。

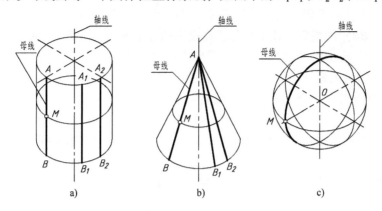

图 4-10 回转面的形成
a）圆柱 b）圆锥 c）圆球

母线上所有的点，如图中的 M 点，其运动轨迹均为圆，该圆称为纬线。纬线所在的平面必垂直于轴线。

在曲面立体表面上取点的方法与平面立体表面上取点的方法类同，若点所在的回转面投影有积聚性，则用投影的积聚性直接取点。若无积聚性，则利用回转面上的素线或纬线，点在素线或纬线上，点的投影必在素线或纬线的同面投影上。

1. 圆柱体的投影及表面取点

图 4-11a 是一轴线为铅垂线的圆柱体的立体图。该圆柱体是由圆柱面和上下两个圆形平面围成的。由图可知，圆柱体的顶面与底面均为水平面，圆柱面上所有素线均为铅垂线并与轴线平行，故该圆柱面垂直于 H 面。

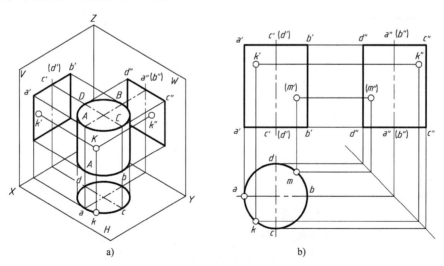

图 4-11 圆柱体的投影及表面取点
a）立体图 b）投影图

圆柱体的投影图如图4-11b所示。水平投影为一与圆柱直径相等的圆，该圆既表示顶面与底面的实形，又表示圆柱面的积聚性投影。正面投影为矩形，该矩形的上下两边为圆柱体的顶面与底面积聚性的投影，长度等于圆柱直径；另外两条边是圆柱体上最左一素线（AA）和最右一素线（BB）的投影，该素线称正面投影的外形素线。又因以 AA 与 BB 为界，将圆柱面分为前半圆柱面和后半圆柱面，位于后半圆柱面上的点，其正面投影不可见。所以素线 AA 与 BB 又称正面转向素线。侧面投影是与正面投影全等的矩形，其中边 $c''c''$ 与 $d''d''$ 是外形素线 CC 与 DD 的投影，该素线是最前和最后的素线，将圆柱面分为左半圆柱面和右半圆柱面，位于右半圆柱面上的点，其侧面投影不可见。故素线 CC 与 DD 又称侧面转向素线。

　　正面转向素线的侧面投影、侧面转向素线的正面投影，均与轴线重合，规定绘图时不表示。

　　已知圆柱面上一点 K 的正面投影 k'，求其水平投影 k 和侧面投影 k''。其绘图过程见图4-11b。

　　根据 k' 的可见性及其位置，可知点 K 在圆柱前半部的左侧，利用圆柱面水平投影的积聚性即可求得 k，再由 k' 和 k 可得 k''。点 K 的三面投影均为可见。

　　若已知另一点 M 的正面投影（m'），求 m 和 m'' 的作图方法同上。根据（m'）分析可知，M 点在圆柱后半部的右侧，其侧面投影也为不可见，记作（m''）。

　　圆柱面的轴线相对于投影面的位置不同，圆柱体的三面投影也不同。图 4-12a 所示的轴线为正垂线，图 4-12b 所示的轴线为侧垂线。绘制圆柱体的投影图时，应先绘制投影为圆的投影。

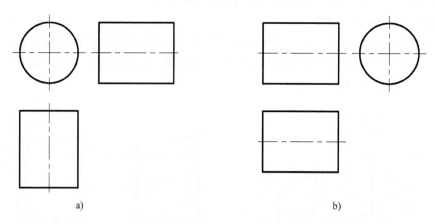

a)　　　　　　　　　　　　　　　　b)

图 4-12　圆柱体的投影

a）轴线为正垂线　b）轴线为侧垂线

2. 圆锥体的投影及表面取点

　　圆锥体由底圆平面与圆锥面围成。图 4-13a 是一轴线为铅垂线的圆锥体的立体图。由图可知，圆锥体的底圆平面为水平面，圆锥面上的所有素线都与 H 面倾斜。圆锥体的三面投影图如图 4-13b 所示。水平投影为一个圆，该圆既表示底面圆的投影，又表示整个圆锥面的投影。正面投影与侧面投影为全等的等腰三角形，其中底边是底面有积聚性的投影，两腰分别是正面转向素线 SA、SB 和侧面转向素线 SC、SD 的投影。

　　已知圆锥面上一点 K 的正面投影 k'，求其水平投影 k 和侧面投影 k''。

由于圆锥面的三面投影均无积聚性，故只能用引辅助线方法取点。辅助线可选用过点 K 的素线或纬线。

其作图过程见图4-13b。首先介绍素线法，连接 $s'k'$ 并延长交底圆投影 $a'b'$ 于 $1'$，由 $1'$ 得 1，连接 s1，则点 K 的水平投影必在 s1 上，由 k' 得 k，再由 k'、k 得 k''。由于 K 点位于圆锥面前半部左侧，故三面投影均为可见。再介绍纬线法，即过 k' 作平行于 $a'b'$ 的直线，然后求出该纬线的水平投影，即以 R 为半径，以 s 为圆心画圆，则 k 必在该圆上，由 k' 得 k，再由 k'、k 得 k''，求解时任意选一种方法即可。

若圆锥面上另有其他位置点，作图过程相同，但应注意到判别点的三面投影的可见性。

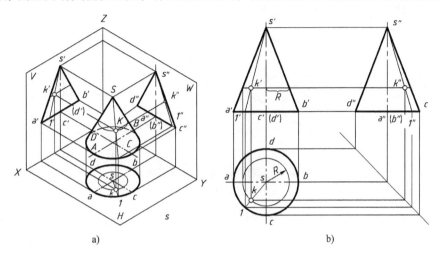

a)   b)

图 4-13　圆锥体的投影及表面取点

a) 立体图　b) 投影图

圆锥体的轴线相对于投影面的位置不同，其三面投影形状也不同。图4-14a 所示的轴线为正垂线，图4-14b 所示的轴线为侧垂线。画圆锥体的投影图，应先画投影为圆的那个投影。

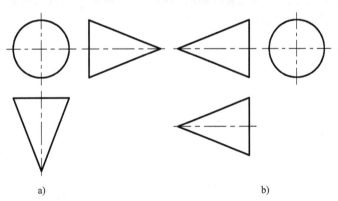

a)   b)

图 4-14　圆锥体的投影

a) 轴线为正垂线　b) 轴线为侧垂线

3. 圆球体的投影及表面取点

圆球体是由单一的圆球面围成。其三面投影如图 4-15 所示。由图可知，球体的三面投影均为圆，其直径等于球的直径。正面投影是正面转向素线圆 A 的投影，圆 A 将球体分为前、后半球，位于后半球面上的点，正面投影不可见。水平投影是水平转向素线圆 C 的投影，圆 C 将球体分为上、下半球，位于下半球面上的点，水平投影不可见。侧面投影是侧面转向素线圆 B 的投影，圆 B 将球体分为左、右半球，位于右半球面上的点，侧面投影不可见。

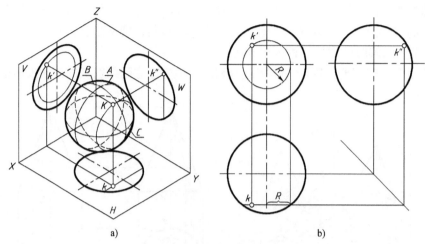

图 4-15 圆球体的投影及表面取点
a）立体图 b）投影图

在圆球体表面上取点，由于其三面投影均无积聚性，故只能用引辅助线方法取点。球面上不存在直线，引辅助线最简单的方法是过已知点作平行于转向素线的圆。在图 4-15 中，过点 K 引正平圆，该圆正面投影反映实形，另两面投影积聚为直线段，则点 K 的投影必在该圆的三面投影上。

若知球面上点 K 的正面投影 k′，求其另两面投影的作图过程如下。

先在正面投影中过 k′ 画圆，再求该圆的水平投影，由 k′ 得 k，再由 k′、k 得 k″。由于该点位于前半球面左侧的上部，故三面投影均为可见。若球面上有其他位置点，作图方法完全相同，但需注意判别点的三面投影的可见性。

4.2.2　曲面立体的截切

曲面立体被平面截切，其截交线一般为封闭的平面曲线或由直线与曲线组成的平面几何图形。截交线上的点是立体表面和截平面的共有点。求截交线的投影，即求一系列共有点的投影，并将同面投影顺次光滑连线。截交线的形状取决于立体表面的几何性质及截平面对立体的相对位置。下面研究常见回转体截交线的求法。

1. 圆柱体的截切

圆柱体被平面截切，由于截平面对轴线的相对位置不同，截交线可有 3 种形状，即圆、椭圆和矩形，见表 4-1。

[例 4-7]　求圆柱体被正垂面 P 截切后的投影，如图 4-16a 所示。

解　由于截平面 P 与圆柱轴线倾斜，且仅与圆柱面相交，所以截交线应为一椭圆。截交线的正面投影积聚为直线段 1′2′；水平投影积聚于圆周上；侧面投影在一般情况下仍为椭圆，需用在圆柱面上取点的方法求出。

表 4-1 圆柱体被平面截切的截交线

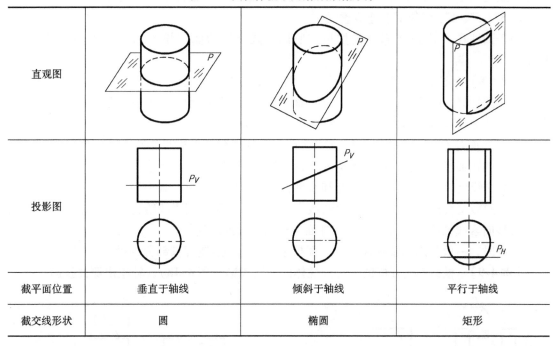

直观图			
投影图			
截平面位置	垂直于轴线	倾斜于轴线	平行于轴线
截交线形状	圆	椭圆	矩形

由于圆柱面水平投影有积聚性，可利用积聚性直接取点。在取点时，为使截交线形状准确，应先取出截交线上的特殊位置点（如最高和最低点、最左和最右点、最前和最后点以及转向素线上的点），然后再取适当数量的一般位置点，最后判别可见性，并顺次光滑连线。

从图 4-16a 正面投影可知，1′和 2′分别是截交线的最高、最低点，同时又是最右、最左点，也是正面转向素线上的点 Ⅰ和Ⅱ的正面投影。由 1′和 2′直接得 1″和 2″。3′和 4′分别是截交线的最前、最后点，也是侧面转向素线上的点的正面投影。由 3′和 4′得 3″和 4″。5′和 6′是一般位置点的正面投影。由 5′和 6′得 5 和 6，再由 5′、6′和 5、6 得 5″和 6″。采用同样方法，

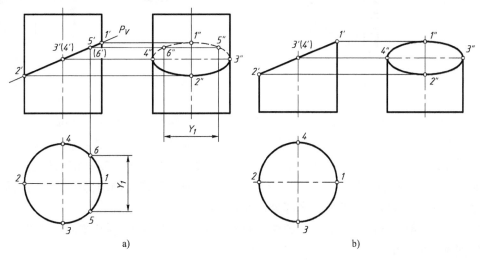

a)   b)

图 4-16 圆柱体被正垂面截切
a）正面投影 b）侧面投影

还可取适当数量的一般位置点。以 3″、4″ 为界，5″、1″ 和 6″ 是位于右半圆柱面上点的侧面投影，故 3″、5″、1″、6″ 和 4″ 点连成虚线。

由于圆柱在 P 面以上部分被切掉，所以，截交线的侧面投影均为可见，如图 4-16b 所示。

[**例 4-8**] 求圆柱体开槽后的三面投影图，如图 4-17 所示。

解 圆柱体中间开槽，即用两个侧平面 P 与一水平面 Q 将中间一部分切掉。侧平面 P 截圆柱体的截交线是矩形，Q 面截圆柱体的截交线为圆弧。

由于 P 面与 Q 面的正面投影均有积聚性，故截交线的正面投影积聚为 3 条直线段，这样圆柱体的正面投影应去掉原顶面有积聚性投影中间的一段。水平投影中 P 面仍有积聚性，Q 面的截交线反映实形。由正面投影和水平投影可得侧面投影，其中侧平面 P 的截交线为矩形，Q 面的截交线积聚为直线段，该线段中间一段不可见，用虚线绘出。在开槽部分，圆柱的侧面转向素线被切去，由 P 面和圆柱面交得的两段素线代替。

绘图时，一般先画完整圆柱体的三面投影，然后再绘制开槽部分的投影。

[**例 4-9**] 根据中间开槽的空心圆柱体的两面投影（图 4-18），补绘出侧面投影。

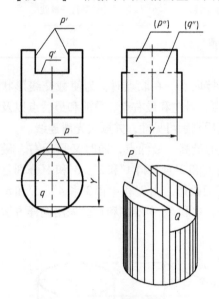

图 4-17 中间开槽圆柱体的投影

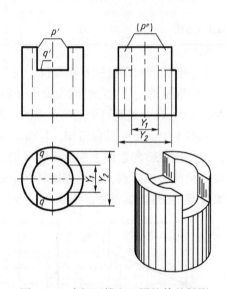

图 4-18 中间开槽空心圆柱体的投影

解 本例与 [例 4-8] 相似，只是本例有共轴线的两个圆柱面——外圆柱面和内圆柱面，同时被 P、Q 面截切，所以在两个圆柱表面上都产生交线，其作图原理和方法与 [例 4-8] 完全相同。内、外圆柱面上部的侧面转向素线都被切掉，轮廓都缩进去了。由反映 Q 面实形的水平投影可知，由于圆柱是中空的，Q 面是不连续的两部分，它的侧面投影积聚为左、右两直线段，除了外轮廓部分，其余是虚线。

绘图时，一般先绘制完整的空心圆柱体的三面投影，然后再绘制开槽部分的投影。

2. 圆锥体的截切

圆锥体被平面截切时，由于截平面相对于圆锥体轴线的位置不同，其截交线可以是圆、椭圆、抛物线和直线、双曲线和直线、三角形，如表 4-2 所示。

表 4-2　圆锥被平面截切的截交线

直观图					
投影图					
截平面位置	垂直于轴线	倾斜于轴线且与所有素线相交	平行于任意一条素线	平行于任意两条素线（包括与轴线平行）	通过锥顶
截交线形状	圆	椭圆	抛物线和直线	双曲线和直线	三角形

[**例 4-10**]　求圆锥体被正垂面 P 切掉锥顶部分后的三面投影，如图 4-19 所示。

解　由于 P 面倾斜于轴线且与圆锥面上所有素线都相交，故截交线为一椭圆。正面投影积聚为直线段 $1'2'$，水平投影和侧面投影一般仍为椭圆，可用在圆锥面上取点的方法确定水平投影和侧面投影。由于圆锥面的三面投影均无积聚性，故可用引素线或纬线取点，图中采用引纬线取点。

图中正面转向素线上的点 Ⅰ、Ⅱ，也是截交线上最低、最高和最左、最右点，由正面投影 $1'$、$2'$ 直接得 1、2 和 $1''$、$2''$。由侧面转向素线上点的正面投影 $6'$、$8'$ 得 $6''$、$8''$，再由 $6''$、$8''$ 得 6、8。取 $1'2'$ 的中点 $3'$、$4'$，即椭圆短轴两个端点的正面投影，过 $3'$、$4'$ 取水平纬线圆，由

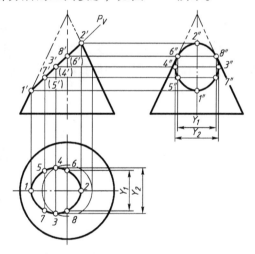

图 4-19　圆锥体的截切

$3'$、$4'$ 得 3、4，再由 $3'$、$4'$ 和 3、4 得 $3''$、$4''$。同样可利用取纬线方法，取出一般位置 Ⅴ、Ⅶ 点的三面投影，最后判别可见性，并顺次光滑连线，即为所求截交线的投影，从而得解。

[**例 4-11**]　已知底部中间开槽的圆锥台的正面投影，如图 4-20 所示。求另两面投影。

解　由图 4-20a 可知，底部中间开槽的圆锥台，即圆锥体被水平面 P 和 S 及过锥顶的正垂面 Q 和 R 截切，其中面 Q、R 和 S 面两两相交。

P 面截得的截交线是半径为 R_1 的水平圆，其水平投影反映实形，正面投影和侧面投影积聚为直线段。S 面截圆锥的截交线为半径为 R_2 的圆弧，S 面和 Q、R 面相交为两段正垂线。S 面截交线水平投影反映实形，正面投影和侧面投影均积聚为直线段。Q 和 R 面对称于

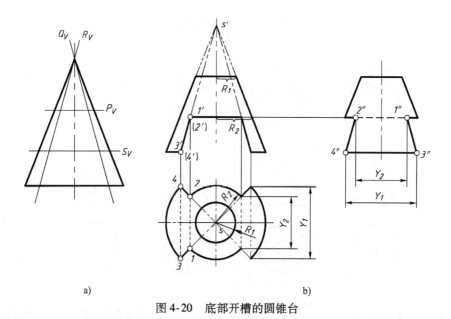

图 4-20 底部开槽的圆锥台

轴线，截得的截交线均为梯形。梯形的两腰为锥面上两段素线，上底为 S 面与 Q、R 面的交线，下底为 Q、R 面与锥底的交线。正面投影积聚为直线段，另外两面投影均为类似形。

作图过程见图 4-20b。首先绘出圆锥体完整的水平投影和侧面投影，然后在水平投影中以 s 为圆心，R_1 为半径画圆。由 $3'$、$4'$ 得 3、4，连接 $s3$、$s4$，由 $1'$、$2'$ 得 1、2，用虚线连接线段 12、34。再以 s 为圆心，R_2 为半径绘制圆弧，必交于 1 和 2。最后由正面投影和水平投影可得侧面投影，其中线段 $1''2''$ 用虚线画出，侧面转向素线在 S 面以下部分被切去。

[例 4-12] 已知中间穿孔的圆锥体的正面投影，如图 4-21a 所示，求另两面投影。

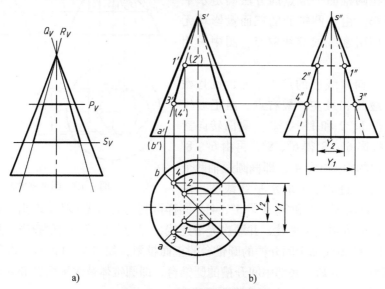

图 4-21 中间穿孔的圆锥体

解 中间穿孔的圆锥体，即圆锥体被 P、S 和 R、Q 面截切，且两两截平面相交，将中间部分切去。

截平面 P、S 是水平面，R、Q 面是过锥顶的正垂面，因此，本例对截交线形状的分析与 [例4-11] 相似。作图过程见图4-21b，先求水平投影，由 a'、b' 和 a、b，并连接 sa 和 sb，则 1、3 在 sa 上，2、4 在 sb 上，再以 s 为圆心，相应长度为半径绘制圆弧，必交于 1、2 和 3、4 点。用虚线连接 12、34，右半部对称画出，即为水平投影。最后由正面投影和水平投影，可得侧面投影，其中 $1''2''$ 和 $3''4''$ 连成虚线，侧面转向素线在穿孔范围内被切去。

3. 圆球体的截切

圆球体被任何位置平面截切，其截断面均为圆。其中直径最大的圆是被过球心的平面截得的，其余位置的平面截得圆的直径均小于该圆。由于截平面相对于投影面的位置不同，截断面的投影可为圆、椭圆或直线。

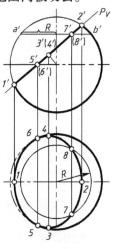

[例4-13] 求圆球体被正垂面截切后的两面投影，如图4-22所示。

解 因正垂面 P 的正面投影有积聚性，故截交线的正面投影积聚为直线段 $1'2'$，此线段长度等于截交线圆直径的实长。截交线的水平投影为椭圆，为求其投影可根据正面投影用在球面上取点的方法求得。先求特殊位置点。正面转向素线上点 Ⅰ、Ⅱ 和水平转向素线上的点 Ⅴ、Ⅵ，由正面投影 $1'$、$2'$ 和 $5'$、$6'$ 得 1、2 和 5、6。12 就是椭圆水平投影的短轴，其长轴应是短轴的中垂线 34，34 的长度等于截交线圆的直径，即等于 $1'2'$。Ⅲ、Ⅳ 即为球面上的点，故也可用表面取点方法求

图 4-22 圆球体
的截切

得。再取一般位置点。任取 $7'$、$8'$，过 $7'$、$8'$ 作直线段 a'、b'，即过 Ⅶ、Ⅷ点取水平纬线圆。在水平投影中以半径 R 画圆，则可由 $7'$、$8'$ 得 7、8，用同样方法可取出适当数量的一般位置点。最后顺次光滑连接 1 - 6 - 4 - 8 - 2 - 7 - 3 - 5 - 1，得截交线的水平投影。圆球被截切后的两面投影如图4-22所示，圆球在 5、6 左侧的水平转向素线已被切去。

[例4-14] 已知半球体被 P、S、Q 面截切的正面投影，求另两面投影，如图4-23所示。

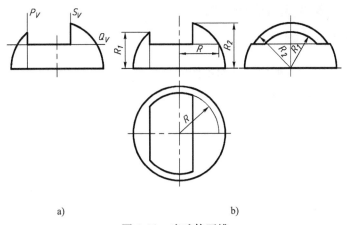

a)   b)

图 4-23 半球体开槽

解 半球体上部开槽，即被两侧平面 P、S 和一水平面 Q 截切，并去掉中间一部分球体。P 面截得的截交线由圆弧和直线围成，侧面投影反映实形，水平投影积聚为直线段。Q 面截得的截交线由两段直线和两段圆弧围成，水平投影反映实形，侧面投影积聚为直线段。

作图过程见图4-23b。水平投影以半径 R 画两段圆弧，侧面投影以半径 R_1、R_2 画圆弧，

再由正面投影按投影规律画出水平投影和侧面投影中的直线段,分别与所画圆弧相交,其中侧面投影中圆弧之间的直线段用虚线画出。Q 面以上的侧面转向素线被切去。

4.3 两曲面立体相交

两曲面立体相交,表面产生交线,称为相贯线。本节仅研究常见的两回转体相交。

4.3.1 相贯线的性质

相交回转体的几何形状及相对位置不同,其相贯线的形状也不同。但任何相贯线都具有以下性质。

1) 相贯线是相交两立体表面共有线,也是两立体表面的分界线,由两立体表面上一系列共有点组成。

2) 由于立体是封闭的,所以相贯线一般为闭合的空间曲线,特殊情况下为平面曲线,其投影可能为直线。

4.3.2 求相贯线的作图原理和方法

求相贯线实质上是求相交两立体表面上一系列的共有点,然后依次将其连成光滑曲线。一般情况下采用辅助平面法。

辅助平面法的作图原理是"三面共点",如图 4-24 所示。

图中所示为两不等直径的圆柱体轴线垂直相交,为求两立体表面的相贯线,采用平行于两圆柱轴线的辅助平面 P,P 面同时截切两圆柱体,在两立体相交范围内,截交线 A V 与 C V 的交点 V、B VI 与 D VI 的交点 VI,既属于 P 平面,又属于两圆柱面,即三面共有点。用上述同样方法,再取若干个 P 面的平行面,则可得相贯线上若干个点。

作图时,应选择恰当的辅助平面,即使辅助平面截两立体的截交线为直线或圆,并使截交线的各面投影也是简单易画的直线或圆。

4.3.3 求相贯线的步骤

求两立体的相贯线,一般应按下面各例题中所述的步骤求解。

[例 4-15] 试求图 4-25 所示的正交两圆柱体的相贯线。

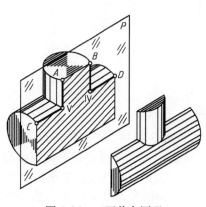

图 4-24 三面共点原理

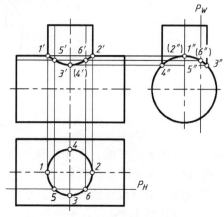

图 4-25 正交两圆柱体的相贯线

解 1）分析两立体表面的几何性质、两立体的相对位置及两立体与投影面的相对位置，由此想象出相贯线各面投影的大致形状和范围，并确定相贯线的哪一面投影不与轮廓线重合，需求作。

由图 4-25 可知，相贯两立体为不等直径的两圆柱体，轴线垂直相交，其中一轴线为铅垂线，另一轴线为侧垂线，故两轴线均平行于 V 面。根据相贯线具有共有线性质，相贯线的水平投影积聚为一圆，相贯线的侧面投影积聚为一段圆弧。由于两圆柱的正面投影均无积聚性，故相贯线的正面投影需求作，该投影是非圆曲线。

2）选择恰当的辅助平面，根据截交线应简单易画的原则，选择正平面 P 为辅助面，见图 4-24。此例也可选水平面或侧平面为辅助面。

3）运用辅助平面法求相贯线上点的投影，其作图过程如图 4-25 所示。

先求相贯线上特殊位置点（即最高和最低点、最前和最后点、最左和最右点、转向素线上的点），以便确定相贯线的基本形状和投影的可见性。然后再求一般位置点。

此例中的特殊位置点可直接得到，如相贯线上的最高点 Ⅰ、Ⅱ 的正面投影 1′、2′，可由 1、2 和 1″、2″得出，即在两圆柱面的正面转向素线上，它们也是相贯线上的最左、最右点。相贯线上的最低点、最前和最后点 Ⅲ、Ⅳ，在直立圆柱的侧面转向素线上，其正面投影 3′、4′，可由 3、4 和 3″、4″得出。

求一般位置点。在两立体相交范围内，任取正平面 P 为辅助面，其水平投影积聚为 P_H，P_H 与圆交于 5、6 两点；侧面投影积聚为 P_W，P_W 与圆弧交于 5″、6″两点，由 5、6 和 5″、6″得 5′、6′。用同样方法，再作与 P 面平行的平面，又可取出相贯线上适当数量的一般位置点。

4）判别相贯线上点的投影可见性，依次光滑连线。当两立体表面都属可见时，相贯线为可见，由于相贯线前后对称，故其正面投影前后重合为一段非圆曲线，用粗实线连 1′、5′、3′、6′、2′，即为相贯线的正面投影。

5）检查并画全两立体表面的轮廓线。

[**例 4-16**] 求如图 4-26 所示圆柱体与圆锥体相交的相贯线。

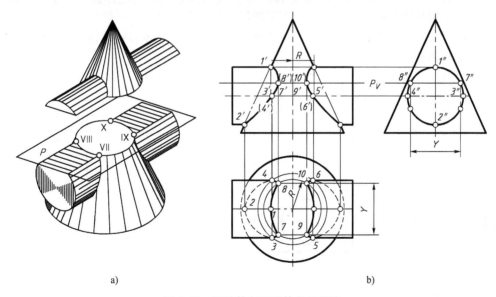

a)   b)

图 4-26　圆柱体与圆锥体的相贯线

解 本例的解题步骤同［例4-15］，下面着重分析辅助平面的选择及特殊位置和一般位置点的确定。

由图4-26a可知，两立体的相贯线为左右两条闭合的空间曲线。因圆柱体的轴线为侧垂线，相贯线的侧面投影积聚性为圆。而圆柱体和圆锥体的正面投影与水平投影都没有积聚性，所以相贯线的正面投影和水平投影需求作。

选用一组水平面为辅助面，因水平面截圆锥体的截交线为一确定半径的纬线圆，截圆柱体的截交线是一矩形。两截交线的交点即为相贯线上的点，如图中的Ⅶ、Ⅷ、Ⅸ、Ⅹ点。在两立体相交范围内，作一系列辅助平面，即可求得相贯线上若干个点。

作图过程见图4-26b，由于相贯线前、后对称，故其正面投影前、后重叠，1′、7′、3′、2′依次连成粗实线。水平投影中，圆柱体上半部分的相贯线可见，下半部分相贯线不可见。以圆柱体水平转向素线上的点3、4和5、6为界，3、7、1、8、4和5、9、10、6依次连成粗实线，4、2、3和5、6连成虚线。

圆柱体水平投影的水平转向素线应补画至3、4和5、6点。

4.3.4 两圆柱体正交

两圆柱体正交是指两圆柱体的轴线垂直相交。在机械零件中最常见，熟悉和研究它们，对画图或看图都很重要。

1. 两圆柱体正交相贯线的简化画法

当两圆柱体轴线垂直相交，且平行于某一个投影面时，相贯线在该投影面上投影的非圆曲线，可以用圆弧代替。该圆弧的圆心位于小圆柱体的轴线上，其半径等于大圆柱体的半径。作图过程如图4-27所示，其中图4-27a为找圆心，即以正面转向素线的交点 A 或 B 为圆心，以 $R = \frac{1}{2}\phi$ 为半径，画弧交小圆柱轴线于 O 点，图4-27b为绘制圆弧，以 O 点为圆心，以 R 为半径，在 A、B 之间画圆弧，该圆弧即可用来代替相贯线的正面投影。

2. 两圆柱体正交相贯线的变化趋势

由图4-28可知，垂直正交的两圆柱体，当轴线为侧垂线的圆柱体直径不变，而改变轴线为铅垂线的圆柱体直径时，相贯线的正面投影总是凸向直径大的圆柱体轴线，而且两圆柱体直径越接近，相贯线就越接近大圆柱体的轴线。但当两圆柱体的直径相等时，相贯线的正面投影则变成相交两直线。

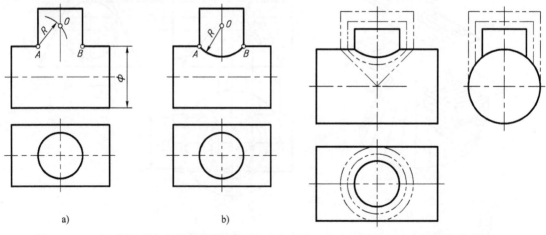

图4-27　正交两圆柱体相贯线的简化画法	图4-28　相贯线变化趋势

图 4-29 是直径变化时，轴线正交两圆柱体相贯线的空间状况和投影图。其中图 4-29a 和图 4-29c 的相贯线为两条闭合的空间曲线，图 4-29b 的相贯线为平面曲线，是相交的两个椭圆。

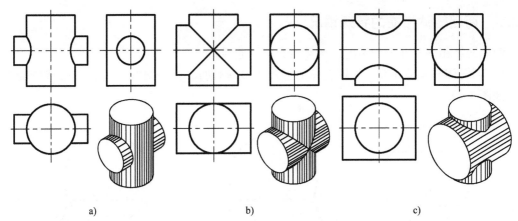

a)   b)   c)

图 4-29　正交圆柱体的相贯线

3. 常见的相贯线形式

机械零件中除了上述轴线正交的两实心圆柱体相贯外，还常会遇到其他形式的相贯，图 4-30a 为在实心圆柱体上钻圆柱孔，其外表面产生相贯线；图 4-30b 和图 4-30c 为两圆柱体

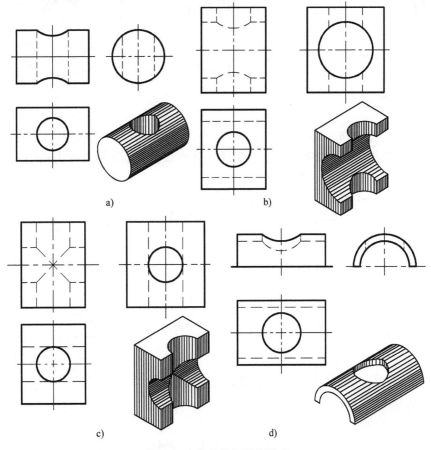

图 4-30　常见的相贯线形式

孔相贯，其内表面产生相贯线；图4-30d 为在空心圆柱体上钻圆柱孔，其内、外表面均产生相贯线。

4.3.5 两回转体相交的特殊情况

两回转体相交，在下列情况下相贯线为平面曲线。

1）回转体与球体相交，当回转体的轴线通过球心时，其相贯线为垂直于回转体轴线的圆，如图4-31 所示。

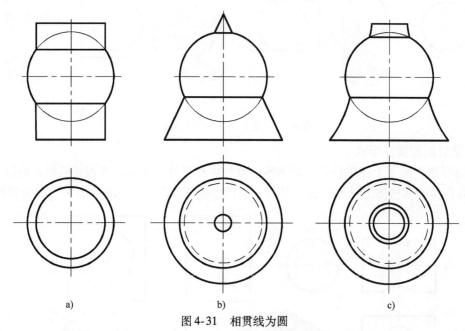

a)　　　　　b)　　　　　c)

图4-31　相贯线为圆

2）当两个相交的回转体同时外切一圆球面时，其相贯线为相交的两个椭圆。此时，若两回转体的轴线都平行于某个投影面，则两个椭圆在该投影面上的投影为相交两直线，如图4-32 所示。

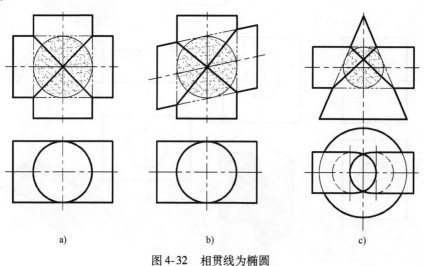

a)　　　　　b)　　　　　c)

图4-32　相贯线为椭圆

第5章 组合体

机械零件因其作用的不同而结构形状各异，但从几何观点分析，它们都是由若干基本体按一定的方式组合而成的。由两个或两个以上基本体组成的物体称之为组合体。本章将运用形体分析和线面分析的方法讨论组合体的画图、看图及标注尺寸等问题，并介绍用 AutoCAD 绘制组合体的方法。

5.1 绘制组合体视图

在机械制图中，将组合体向投影面作正投影所得到的图形称为视图。视图主要用来表达物体的形状。组合体在正立投影面上的投影称为主视图；在水平投影面上的投影称为俯视图；在侧立投影面上的投影称为左视图。将上述三个视图按规定的方法展开在一个平面上，称为组合体的三视图，如图 5-1 所示。

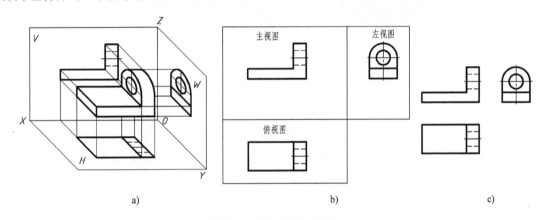

图 5-1　组合体的三视图
a）空间投影图　b）三视图的展开　c）三视图

主视图表示物体的正面形状，反映物体的长度和高度及各部分的上下、左右位置关系。俯视图表示物体顶面的形状，反映物体的长度和宽度及各部分的左右、前后位置关系。左视图表示物体左面的形状，反映物体的高度和宽度及各部分的上下、前后位置关系。

物体的三个视图是从不同方向反映同一物体的形状，相互之间有着内在的联系。每一视图只反映物体长、宽、高三个尺度中的两个，主、俯视图都反映物体的长度；主、左视图都反映物体的高度；俯、左视图都反映物体的宽度。由此可得出三视图间的投影规律，即

主、俯视图长对正；主、左视图高平齐；俯、左视图宽相等

一般简称：长对正、高平齐、宽相等。应用这个规律作图时，应注意物体的上、下、左、右、前、后 6 个方位与视图的关系。如俯视图的下面和左视图的右面都反映物体的前面，俯视图的上面和左视图的左面都反映物体的后面，因此在俯、左视图上量取宽度时，要

注意量取的起点和方向。

5.1.1　组合体的组成形式及其视图特点

一般将组合体的组成形式归纳为"叠加"和"挖切"两种基本形式。如图 5-2 所示的物体，由直立圆筒、水平圆筒、肋板和底板 4 部分叠加而成，但在两个圆筒部分和底板部分都有挖切。这种将物体分解并抽象为若干基本体的方法，称为形体分析法。对组合体来说，它是绘图和看图的最基本、最重要的方法之一。

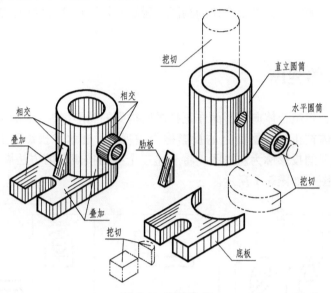

图 5-2　形体分析

无论哪种形式构成的组合体，各基本体之间都有一定的相对位置关系，并且各形体之间的表面也存在一定的连接关系。其连接形式通常有不平齐、平齐、相切和相交 4 种形式，如图 5-3 所示。

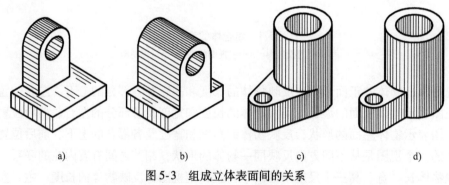

图 5-3　组成立体表面间的关系
a）不平齐　b）平齐　c）相切　d）相交

1）当两形体表面不平齐时（图 5-3a），在相应的视图中，两形体的分界处，应有线隔开，如图 5-4 所示。当两曲面立体的外表面（图 5-5）或两曲面立体的内表面（图 5-6）不平齐时，其情况是相同的。

2）当两形体相邻表面平齐（即共面）时，在相应的视图中，应无分界线，如图 5-7 所示。

3）当两形体的表面相切时，两表面的相切处是光滑过渡，所以在相切处不应画线，如图5-8和图5-9所示。

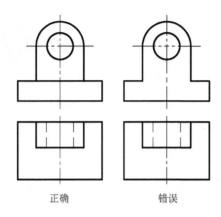

正确 错误

图5-4　两形体表面不平齐时的视图

4）当两形体表面相交时，相交处必须绘出交线，如图5-10所示。

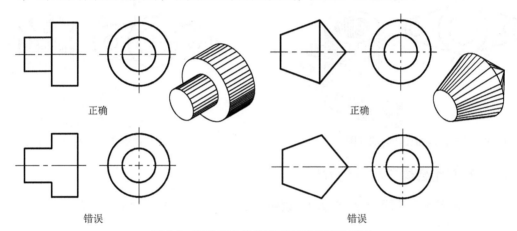

正确 正确

错误 错误

图5-5　两曲面立体外表面不平齐时的视图

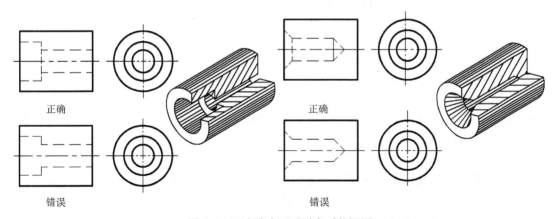

正确 正确

错误 错误

图5-6　两内孔表面不平齐时的视图

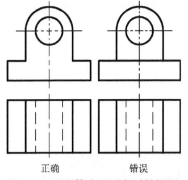

正确　　　　　　　错误

图 5-7　两形体表面平齐时的视图

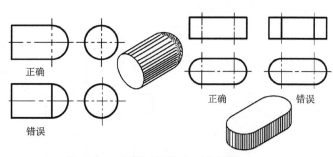

正确

错误

正确　　　　　　错误

图 5-8　两形体表面相切时的视图（一）

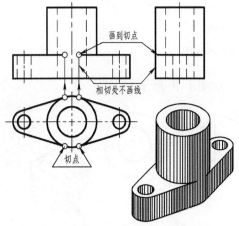

画到切点

相切处不画线

切点

图 5-9　两形体表面相切时的视图（二）

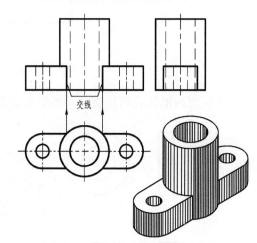

交线

图 5-10　两形体表面相交时的视图

5.1.2　绘制组合体三视图的方法和步骤

下面以如图 5-11 所示的支架为例，说明绘制组合体视图的一般步骤和方法。

1. 形体分析

对所绘制的组合体首先进行形体分析，将组合体分解为若干部分，并分析它们是由哪些基本形体组成，它们之间的组合关系、相对位置及表面连接关系，从而形成整个组合体的完整概念。

图 5-11 所示的支架可分解为直立小圆筒、水平大圆筒、壁板、肋板和底板 5 部分。其中两个圆筒轴线成正交，内、外表面都有相贯线；壁板的左、右两斜面和大圆筒相切；肋板的左、右两侧面和大圆筒相交，有交线；壁板和底板的后端面是平齐的，壁板的侧面和底板的侧端面斜交；肋板在底板的中间，它的斜面和底板的前端面相交；底板左、右前端被挖成两个圆孔；大圆筒后端突出壁板一段距离。

2. 选择主视图

一组视图中最主要的是主视图，主视图一经选定，俯视图和左视图的位置也就确定了。

选择主视图时，一般将物体放正，即将组合体的主要平面或轴线与投影面平行或垂直，选择最能反映组合体的形状特征及各基本体相互位置，并能减少俯、左视图视图中虚线的方向作为主视图的投影方向，如图 5-11 中箭头 A 所示方向。综合考虑图面清晰和合理利用图幅，确定选择 A 向投影为主视图。

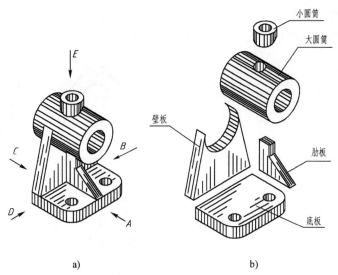

| a) | b) |

图 5-11　支架的形体分析

3. 选择适当的比例和图纸幅面

为了绘图和看图的方便，尽量采用 1:1 的比例。根据三个视图及标注尺寸所需要的面积，并在视图间留出适当的间距，选用适当的标准图幅。

4. 布图，绘制基准线

布图时应注意各视图间及其周围要有适当的间隔，图面要匀称。常用中心线、轴线和较大的平面作为各视图的基准线以确定视图在两个方向的位置，如图 5-12a 所示。

5. 按投影规律绘制三视图

根据投影规律逐步绘出各形体的三视图。绘图时，一般先绘制主要部分和大的形体，后绘制次要部分和小的形体；先画实体，后画虚体（挖空部分）；先绘制大轮廓，后绘制细节；每一形体从具有特征的、反映实形的或具有积聚性的视图开始，将三个视图联系起来绘制。但应注意，组合体是一个整体，当若干个形体结合成一体时，某些形体内部的分界线并不存在，绘图时也不应绘出，如图 5-12b 和图 5-12c 所示。

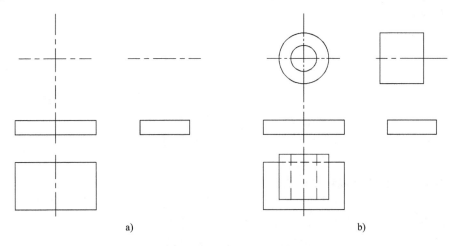

| a) | b) |

图 5-12　组合体三视图的步骤

6. 检查、修改、描深

底稿完成后应认真检查修改，然后按规定的线型加深，见图 5-12d。

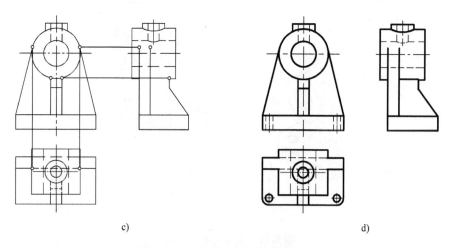

c)   d)

图 5-12   组合体三视图的步骤（续）

5.2   组合体的尺寸标注

组合体的视图只能表达其形状，而组合体的大小和各部分的相对位置，则要由视图上所标注的尺寸来确定。尺寸标注上出现的任何问题，都会使生产造成损失，因此，正确标注尺寸非常重要。在标注尺寸时应严肃认真、一丝不苟，所标注的尺寸应正确、完整、清晰和便于看图。

5.2.1   尺寸标注要完整

组合体是由一些基本体按一定的位置和关系组合而成的，所以标注尺寸时，可通过形体分析方法，注全确定各基本体形状和大小的尺寸（定形尺寸）及确定形体间相互位置的尺寸（定位尺寸）。

1. 基本体的尺寸标注

图 5-13 为常见基本体的尺寸注法。标注平面立体的尺寸时，需要注出它的底面（包括上、下底面）和高度尺寸；对于正方形平面，可分别注边长，也可注成边长×边长的形式（如图中四棱台的顶面和底面尺寸注法）。正六边形只要有一个对边和对角的尺寸即可定形，另一尺寸加括号，以供参考。标注回转体的尺寸时，需注出底圆（包括上、下底圆）的直径和高度尺寸，最好注在投影为非圆的视图上。直径尺寸数字前面要加注"ϕ"，而标注球体尺寸时，要在直径或半径代号前加注符号"S"。

2. 立体相贯和被平面截切时的尺寸标注

图 5-14 是一些两立体相贯和基本体被平面截切时的尺寸标注图例。因相贯线和截交线是由基本体的形状和它们的相对位置确定的，所以注出基本体的定形尺寸后，只需注出两基本体的相对位置和截平面位置的定位尺寸，则相贯线和截交线也就相应确定了，不应另行标注尺寸。图 5-14 中带方框的尺寸就是这种标注多余的尺寸。

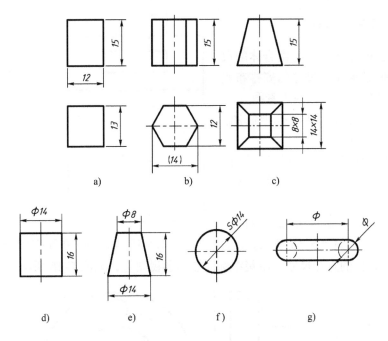

图 5-13　基本体的尺寸注法

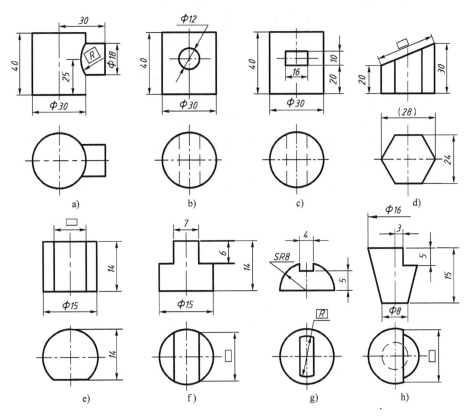

图 5-14　立体相贯和被平面截切时的尺寸标注示例

5.2.2 尺寸标注要清晰

用形体分析的方法，可将组合体的尺寸标注完整，但必须注意尺寸的安排布置等问题，使尺寸标注清晰，便于看图。

1）必须遵守国家标准《机械制图》中有关尺寸标注的规定。

2）尺寸尽量标注在视图轮廓线外，在不影响图形清晰的条件下最好注在两视图之间。

3）尺寸应标注在显示该部分形体特征最明显的视图上，如图5-15所示。

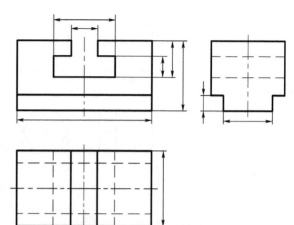

图5-15 尺寸应注在最明显的视图上

4）同轴回转体的直径尺寸，应集中标注在非圆视图上，如图5-16所示。

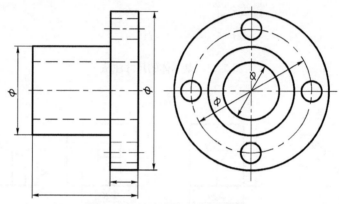

图5-16 尺寸应注在非圆视图上

5）尽量避免尺寸线与其他的尺寸界线相交，一般情况下，不允许尺寸线与尺寸线相交，也要避免尺寸界线拉引过长，如图5-17所示。

6）同一方向的尺寸线，在不互相重叠的条件下，最好画在一条线上，不要错开，如图5-18所示。

7）应尽量避免在虚线上标注尺寸。

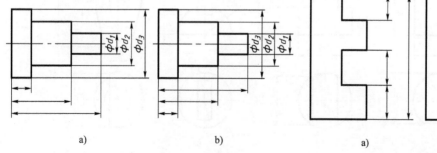

图5-17 避免尺寸线与尺寸界线相交
a）好 b）不好

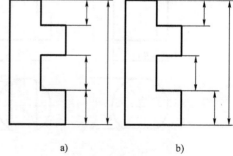

图5-18 同一方向的尺寸线，要画在一条线上
a）好 b）不好

以上各点有时不能兼顾，必须分析比较后，妥善安排。

5.2.3 组合体尺寸标注的步骤

现以图 5-19 为例，说明标注组合体尺寸的步骤。

1. 标注各基本体的定形尺寸

如图 5-19b 所示，有的尺寸是不同形体共用的定形尺寸，只要注一次，不应重复。如壁板底部的长度和底板的长度均为 84。又如壁板和水平圆筒是相切关系，所以壁板的定形尺寸只需标注一个厚度 10 即可。底板上的两孔是通孔，底板的高度就是通孔的高度。小圆筒的高度尺寸取决于它和水平圆筒的相对位置，所以不注。底板上两孔大小相同用"2×φ12"形式标注一次，而底板上两圆角尺寸虽相同，但不能用"2×R12"的形式标注，只用"R12"的形式标注一次即可。

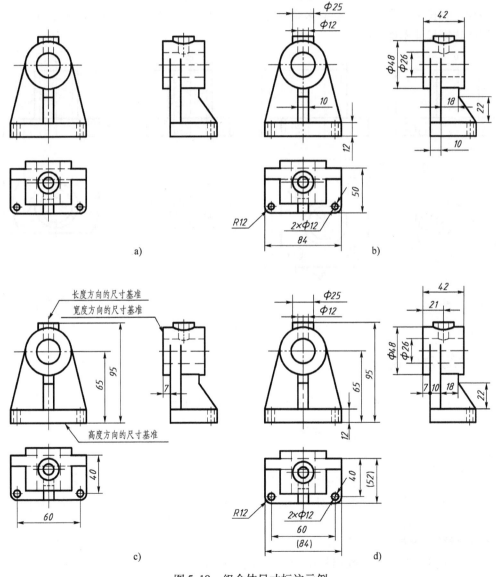

图 5-19　组合体尺寸标注示例

85

2. 标注定位尺寸

如图 5-19c 所示，为确定各基本体的相对位置标注定位尺寸时，要有定位的基准，即尺寸基准。在长、宽、高 3 个方向都要定位。每一个方向至少应有一个尺寸基准。一般常用轴线、中心线、对称平面、大的底面和端面作基准。图中物体高度方向的尺寸基准是底板的底面；长度方向的尺寸基准是对称中心平面；宽度方向的尺寸基准是水平圆筒的后端面。

3. 标注总体尺寸

一般应标注出物体外形的总长、总宽和总高，但不应与其他尺寸重复，所以常需对上述尺寸进行调整。在某些情况下，不直接标注总体尺寸，如图 5-19d 中总宽尺寸由底板的宽度和水平圆筒向后凸出的尺寸"7"而定。底板的长度尺寸即总长尺寸。

图 5-20 是 4 个简单物体的尺寸标注示例。图 5-20b 所示物体，因其底板上 4 个圆角的圆心不与 4 个圆孔同心，所以需要注出其总长、总宽尺寸。而图 5-20c 和图 5-20d 所示的物体不需标注总长尺寸，否则就会有多余尺寸，从图中可见，为标注物体的总高，上部凸出的空心圆柱高度尺寸不能直接注出。

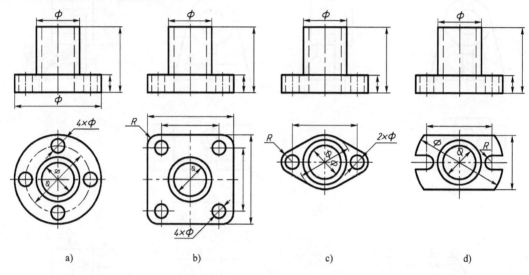

a)　　　　　　　　b)　　　　　　　　c)　　　　　　　　d)

图 5-20　物体的尺寸标注示例

5.3　看组合体视图

看图是根据物体的视图，经过分析想象出物体的空间形状。

5.3.1　看组合体视图的基本方法

1. 几个视图联系起来看

由于一个视图不能确定组合体的各形体的形状和相邻表面间的相互位置，所以看图时必须几个视图联系起来看。如图 5-21 所示，虽然 5 个主视图是相同的，但联系俯视图可知它们是 5 种不同的形体。

2. 进行线面分析

必须以主视图为中心，找出视图间的线框和线条的关系，在形体分析的基础上进行线面分析。

86

视图中的每一个封闭线框都是物体上不与该投影面垂直的一个面（平面或曲面）的投影。视图中的任一条轮廓线（实线或虚线），则必属于下列三种情况之一。

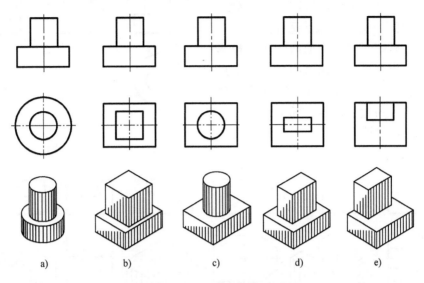

图 5-21　几个视图联系起来看图

1）有积聚性的面（平面或曲面）的投影，如图 5-22 中所指"积聚性的面"。

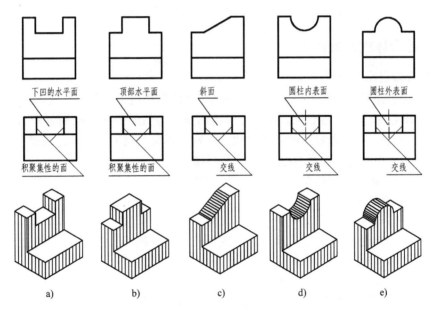

图 5-22　视图中线框和线条的含义（一）

2）两面交线的投影，如图 5-22 中所指的"交线"。

3）曲面的转向线，如图 5-23 中所指的"曲面转向线"。

如图 5-22 俯视图后部中间的封闭线框，联系主视图可确定该线框所表示的面的形状位置。视图中相邻的线框则表示表面必有高低、前后、左右的差异或是斜交；视图大框中套着小框则表示中间的小框为凸出、凹陷或表示穿通，这些位置关系必须联系别的视图才能确定。如图 5-23 中，俯视图中间线框联系主视图可确定为凸起的圆柱体、凹陷或穿通的圆柱孔。

当平面图形倾斜于投影面时，在该投影面的投影必为类似形。利用这一特性，便可想像出该平面的空间形状。如图 5-24 中各物体的 P 面，除在所垂直的投影面上的投影积聚成直线外，在另两个投影面上的投影均为类似形。

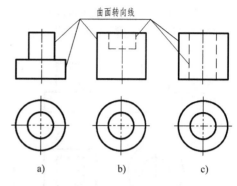

图 5-23　视图中线框和线条的含义（二）

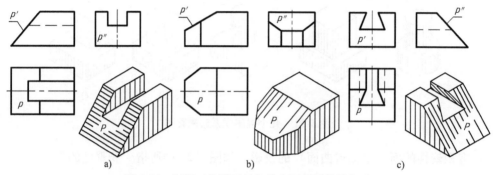

图 5-24　倾斜于投影面的物体表面投影成类似形

5.3.2　看组合体视图的步骤

1. 看组合体视图的一般步骤

1）按照投影分部分。从主视图入手，根据封闭线框将组合体分解成几部分。

2）想象出各部分形体的形状。用形体分析和线面分析的方法，根据各部分形体在三个视图的投影，想象出各部分形体的空间形状。一般先解决大的主要形体，或是明显的形体。

3）综合起来想整体。根据视图中各部分形体的相对位置关系和表面间的关系，综合起来想象出组合体的整体形状。

2. 看组合体视图举例

在一般情况下，对于图形清晰的组合体，常用形体分析法看图，但对有些比较复杂的形体尤其是切割或穿孔后形成的形体，往往在形体分析的基础上还需运用线面分析法来帮助想象和看懂局部的形状，两者结合，相辅相成。

[例 5-1]　看懂轴承座的主、俯两视图（图 5-25），想象出其空间的形状，并补画左视图。

1）对照投影部分：从主视图入手，借助绘图工具，对照投影关系概括了解视图间的线条和线框之间的关系，将主视图划分为 Ⅰ、Ⅱ、Ⅲ、Ⅳ 四部分，其中 Ⅱ、Ⅳ 为两对称形体。

2）想象出各部分形体的形状：根据投影关系先分别找出和 1′、2′、3′、4′ 相对应的俯视图中的 1、2、3、4 部分，而后

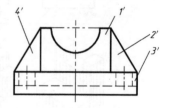

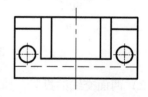

图 5-25　组合体的两个视图

想象出各部分的形状，如图5-26所示。

①形体Ⅰ：由反映特征轮廓的主视图，对照俯视图，可想象出是上部挖去了一个半圆槽的长方体，如图 5-26a 所示。

②形体Ⅱ、Ⅳ：主视图为三角形，俯视图为矩形线框，可想象为一个三棱柱，如图 5-26b所示。

③形体Ⅲ：由主、俯两视图，可想象其为带弯边的左右有小圆孔的四方体，如图 5-26c 所示。

④从所给视图来看，形体Ⅰ在底板的上面，其位置为中间靠后，形体Ⅱ、Ⅳ在形体Ⅰ左右两侧，并且所有形体的后面平齐。

3）综合起来可知该轴承座的空间形状，如图 5-27 所示。

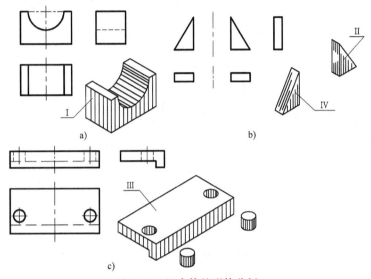

图 5-26　组合体的形体分析

图 5-27　组合体的轴测图

4）补画左视图：根据所想象出的形体，按三视图的投影关系和画组合体视图的步骤，注意形体各部分的相对位置关系和表面间的关系，逐个画出各部分的左视图，最后将三视图联系起来分析检查，如图 5-28 所示。

[例 5-2]　根据物体的主视图和俯视图，补画左视图（图 5-29）。

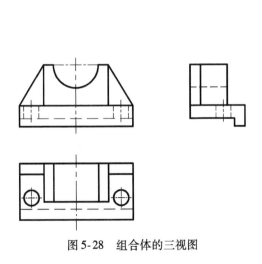
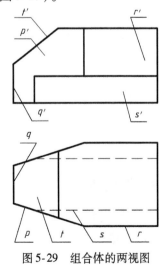

图 5-28　组合体的三视图

图 5-29　组合体的两视图

1）对照投影分部分：从主、俯视图对照投影，概括了解后可知，该物体是一长方体被若干不同位置平面截切后形成的。因此，要确切想象出物体的形状，必须进行线面分析，弄清截切情况。为此要分析主视图中 r'、s'、p' 线框和 t'、q' 线。

2）线面分析：根据线框和线的投影进行线面分析。由于 r'、s'、p' 在俯视图中没有对应的类似形，所以它们必积聚成直线。从 p' 线框对照俯视图 p 为一斜直线，从而可初步分析成 P 面为铅垂面。再看主视图中 r'、s' 相邻两线框，对照俯视图可看出 R、S 为两个正平面，R 面在前、S 面在后，r'、s' 反映 R、S 面的实形。然后看主视图中 t'、q' 两线段，对照俯视图可看出，它们分别是正垂面 T 和侧平面 Q 的投影。

3）在形体分析和线面分析的基础上，综合起来想象其整体形状，如图 5-30 中轴测图所示。

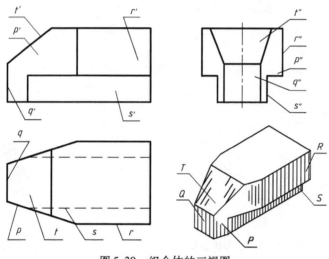

图 5-30　组合体的三视图

4）根据主、俯两视图绘出左视图：先绘制长方体的左视图；再绘制正垂面 T 的 W 面投影，其投影为类似的等腰梯形；然后绘制两铅垂面 P 在 W 面的投影，即前后两类似的七边形；最后绘制前后被正平面 S 切掉的两个角的 W 投影，其结果如图 5-30 所示。

5.4　用 AutoCAD 绘制组合体视图

在 AutoCAD 中绘制组合体视图有两种方法，一种是按照"三等"（即长对正、高平齐、宽相等）投影规律，绘制主、左、俯三个视图；另一种是先构造三维立体，再对其沿 X、Y、Z 投影轴进行投影，得到三视图。本节主要介绍第一种画法。

按照"三等"关系，直接绘制三视图有多种方法，这里重点介绍栅格法和辅助线法。

5.4.1　栅格法

1. 设置、显示栅格

显示栅格主要用于显示一些标定位置的点，以便于用户定位对象。

在 AutoCAD 中，用于设置栅格显示及间距的命令是 GRID，用户还可通过单击状态栏上的 GRID 按钮来打开或关闭栅格显示。命令行的用法如下。

Command：Grid
Specify Grid Spacing（X）or［ON/OFF/Snap/Aspect］<默认值>：

GRID 命令的各选项意义如下：

- Grid Spacing（X）：默认选项，用于设置栅格间距，如其后跟 X，则用捕捉增量（控制了光标移动间隔）的倍数来设置栅格。
- ON：打开栅格显示（或按<F7>键）。
- OFF：关闭栅格显示（再次按<F7>键）。
- Snap：设置显示栅格间距等于捕捉间距。
- Aspect<0.00>：设置显示栅格水平及垂直间距，用于设定不规则的栅格。执行该选项，AutoCAD 提示：

Horizontal Spacing（X）<默认值>：（输入水平间距）
Vertical Spacing（Y）<默认值>：（输入垂直间距）

设置显示栅格时应注意如下几点。

1）栅格间距不要太小，否则将导致图形模糊及屏幕画太慢，甚至无法显示栅格。

2）用户不一定限制使用正方的栅格，有时纵横比不是 1∶1 的栅格可能更有用。

3）如果用户已设置了图限，则仅在图限区域内显示栅格。

2. 设置捕捉

捕捉用于设定光标移动间距。在 AutoCAD 中，用户设置捕捉栅格的命令是 Snap。用户还可通过单击状态栏上的 Snap 按钮打开或关闭捕捉。用户最好将捕捉间隔设为和显示栅格相等，或是它的几分之一，这样有利于用户按栅格调整捕捉点。

3. 正交模式

打开正交模式，控制用户只能画水平或垂直线。

用户可通过单击状态栏上的 Ortho 按钮、使用 Ortho 命令、按<F8>键打开或关闭正交模式。

4. 实例

运用栅格法，完成如图 5-31 所示三视图的绘制。步骤如下。

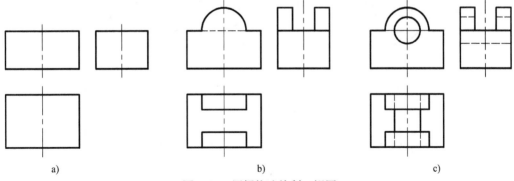

图 5-31　用栅格法绘制三视图

1）设置图层 0、a、b 层，各层颜色和线型分别为白色、实线；红色、点画线；黄色、虚线。

2）打开栅格 Grid，根据图形大小，设置 X、Y 间距为 5。

3）设置捕捉，使 Snap 间隔和 Grid 间距相等。

4）打开正交模式，设置当前层为 a 层，绘制中心线；再将当前层设为 0 层，用 Retangle 和 Line 或 pline 命令，完成图 5-31a 的绘制。

5）利用目标捕捉，用 Circle 和 Trim 命令绘出主视图的半圆，用 Line 或 Pline 和 Trim 命令画出其他结构，完成图 5-31b 的绘制，注意保证三个视图间的"三等"关系。

6）捕捉半圆弧的圆心，用 Circle 命令绘制圆，用 Line 或 Pline 和 Trim 命令绘制其他实线部分；设置当前层为 b 层，绘制虚线结构，完成图 5-31c 的绘制。

5.4.2　辅助线法

在用 AutoCAD 绘制组合体的三视图时，用户可以绘一些构造线作为辅助线，利用这些辅助线可以容易满足三视图的要求，绘出所需的三视图。

现以图 5-32 为例说明用辅助线法绘制三视图的步骤。

1）设置图层 0、a、b 层，各层颜色和线型分别为白色、实线；蓝色、点画线；黄色、虚线。

2）在 a 层上，用中心线确定三个视图的位置，切换到 0 层，构造一条 45°的射线作为辅助线。

3）捕捉俯视图点画线的交点作为圆心，用 Circle 命令绘制圆，用 Line 命令捕捉切点绘出底板，用 Trim 命令进行剪切，完成俯视图，如图 5-32a 所示。

4）按照"长对正"并利用捕捉工具，由俯视图向主视图画辅助线，完成主视图，如图 5-32b 所示，注意切点的位置。

5）按照"高平齐""宽相等"，利用 45°辅助线，完成左视图，如图 5-32c 所示。

6）用 Trim、Erease 等命令整理完成三视图，如图 5-32d 所示。

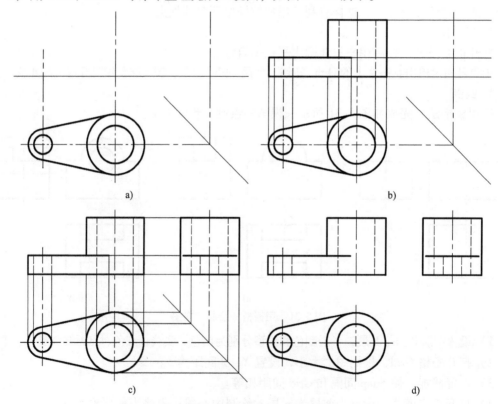

a)　　　　　　　　　　　　　b)

c)　　　　　　　　　　　　　d)

图 5-32　用辅助线法绘制三视图

第6章 轴 测 图

多面正投影图可以比较全面地表示物体的形状，具有良好的度量性，作图也简单，但是立体感较差。如图 6-1a 所示为用两面投影表示物体，必须有一定的看图能力才能看懂。如果将该机件用平行投影法，以适当的方式向一个投影面作投影，同时获得反映物体长、宽、

高三个方向形状的图形，如图 6-1b 所示，则立体感强，也容易读懂。这种图称为轴测投影，简称轴测图。在工程中，轴测图一般用作辅助图样，用以表达物体和零件的效果，尤其是零部件之间的装配关系。当然也用于科技图书的插图、产品广告、说明书等。轴测图虽然立体感较强，容易看懂，但它不反映或不能同时反映物体各表面的真实形状，度量性差，作图也比较复杂。

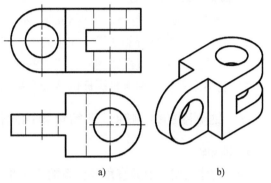

图 6-1　机件的多面正投影图与轴测图

6.1　轴测图的基本知识

本节主要介绍轴测图的形成过程、投影特性及轴测图中涉及的各参数名称及其定义，为绘制轴测图做准备。

6.1.1　轴测图的形成和投影特性

1. 轴测图的形成

在平行投影条件下，可用两种方法分别得到两种轴测图，如图 6-2 所示。

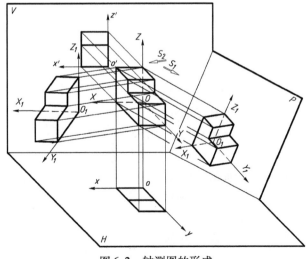

图 6-2　轴测图的形成

（1）另立投影面

用一个与物体及在空间确定该物体的直角坐标系（OX、OY、OZ轴）都呈倾斜位置的投影面 P 作为轴测投影面，且令投射方向 S_1 垂直于轴测投影面 P，这样得到的轴测投影图称为正轴测投影图。

（2）改变投影方向

物体仍处于获得正投影视图的位置，而改用对 V 面倾斜的投影方向 S_2，这样在 V 面上得到的轴测投影图称为斜轴测投影图。

2. 轴测图的投影特性

由于轴测图是由平行投影法得到的，因此具有下列投影特性。

1）物体上相互平行的线段，在轴测图上仍相互平行。

2）物体上两平行线段或同一直线上的两线段长度之比值，在轴测图上保持不变。

3）物体上平行于轴测投影面的直线和平面，在轴测图上反映实长和实形。

6.1.2 轴测图的轴测轴、轴间角和轴向伸缩系数

1. 轴测轴

确定物体空间位置的直角坐标系的 3 个坐标轴 OX、OY、OZ 轴，在轴测投影图上的投影 O_1X_1、O_1Y_1、O_1Z_1，称为轴测轴。

2. 轴间角

相邻两轴测轴之间的夹角称为轴间角，即图6-2中 $\angle X_1O_1Y_1$、$\angle X_1O_1Z_1$、$\angle Y_1O_1Z_1$。

3. 轴向伸缩系数

轴测图的单位长度与相应直角坐标轴的单位长度的比值，称为轴向伸缩系数。OX、OY、OZ 三轴的轴向伸缩系数分别用 p、q、r 表示，即

$$p = O_1X_1/OX、q = O_1Y_1/O_1Y_1、r = O_1Z_1/OZ$$

根据轴向伸缩系数 p、q、r 的不同情况，轴测图可分为：

正（或斜）等测轴测图，$p = q = r$；

正（或斜）二测轴测图，$p = r \neq q$；

正（或斜）三测轴测图，$p \neq q \neq r$。

绘制轴测图时，应根据轴测图的种类，选取特定的轴间角和轴向伸缩系数，然后再根据物体坐标系的位置，沿平行于相应轴的方向测量物体上各边的尺寸或确定点的位置。"轴测"意即沿轴测量。

因为绘制正（或斜）三测轴测图较烦琐，所以在实际中很少采用。本章只介绍常用的正等测轴测图和斜二测轴测图。图6-3 所示为同一物体的正等测轴测图和斜二测轴测图。

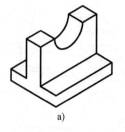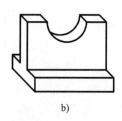

a)　　　　　　　　　b)

图6-3　物体的轴测图

a) 正等测轴测图　b) 斜二测轴测图

6.2 正等测轴测图

在正等测轴测图的绘制中，确定物体空间位置的 3 个坐标平面与轴测投影面均倾斜，其上的三根直角坐标轴与轴测投影面的倾角均相等，物体上平行于 3 个坐标平面的平面图形的正等测轴测投影的形状和大小的变化均相同，因此，物体的正等测轴测投影的立体感颇强。

6.2.1 正等测轴测图的形成及轴间角和轴向伸缩系数

当物体上的 3 个直角坐标轴与轴测投影面的倾角相等时，根据平行投影法所得到的图形称为正等测轴测图，简称正等测，如图 6-4 所示。

正等测轴测图中的 3 个轴间角都等于 120°，其中 O_1Z_1 轴规定画为铅垂方向，如图 6-5 所示。根据计算，轴向伸缩系数 $p = q = r = 0.82$，为了方便，通常采用轴向伸缩系数为 1 作图，这样画出的正等测轴测图，各轴向的尺寸都放大为投影尺寸的 $1/0.82 = 1.22$ 倍，但是形状是不变的。

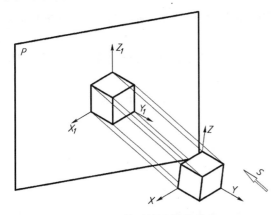

图 6-4 正等测轴测图的形成

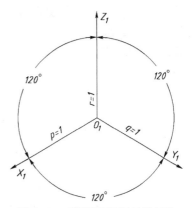

图 6-5 正等测轴测图的轴间角

6.2.2 平面立体的正等测轴测图画法

绘制平面立体轴测图的方法常用坐标法和方箱切割法。

1. 坐标法

根据立体表面上各顶点的坐标，分别画出它们的轴测投影，然后依次连接成立体表面轮廓线。坐标法是绘制轴测图的基本方法。

[**例 6-1**]　根据六棱柱的主、俯视图，如图 6-6a 所示，绘出正等测图。

解　由于轴测图中不可见轮廓没必要画出，所以宜从顶面入手作图，具体过程如下。

1）将坐标原点选定在六棱柱顶面的六边形中心，如图 6-6a 所示。

2）绘出轴测轴 O_1X_1、O_1Y_1、O_1Z_1，在 O_1X_1 轴上 O_1A_1、O_1D_1 长度可从图 6-6a 俯视图直接量取，再根据尺寸 s，在 O_1Y_1 轴 O_1 点两侧各截取 $s/2$，并作 O_1X_1 轴的平行线 B_1C_1、E_1F_1，令其长度等于 l，如图 6-6b 所示。

3）连接 $ABCDEF$ 即为正六边形的正等测轴测图，然后自各端点向下作 O_1Z_1 的平行线，取高度为 H，如图 6-6c 所示。

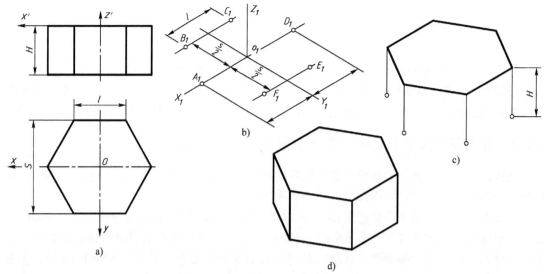

图 6-6 坐标法绘制六棱柱的正等测图

4）绘出底面各边的可见部分，清理图面，加深图线，即完成作图，如图 6-6d 所示。

2. 方箱切割法

方箱切割法适用于不完整或带切口的平面立体。先用坐标法绘出完整的平面立体轴测图，再利用切割的方法逐步绘出其不完整或切口部分。

[**例 6-2**] 根据物体的主、俯视图，如图 6-7a 所示，绘出其正等测图。

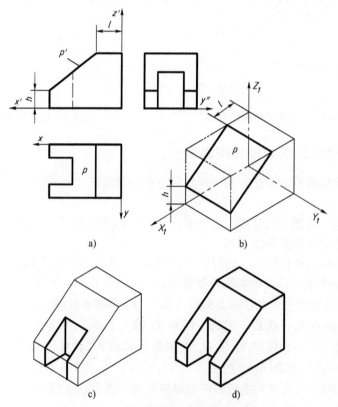

图 6-7 方箱切割法绘制正等测图

解 由图 6-7a 可知，该物体是由平面基本体四棱柱切割而成。切割后形成的一个正垂面 P（p'、p）和一个槽。作图过程如下。

1）如图 6-7b 所示，首先按原始物体的长、宽、高绘出四棱柱的正等测轴测图，再定出切割平面 P 的位置（用粗实线表示）。图中双点画线表示被切去的部分。

2）根据主、俯两视图，沿轴测轴方向量取相应的长度，确定开槽的三个切割平面间以及各平面和立体表面间的交线，如图 6-7c 所示。在绘图时注意，物体上相互平行的线段，在轴测图上仍相互平行。

3）擦去作图线，加深完成作图，如图 6-7d 所示。

坐标法和方箱切割法不仅适用于平面立体，而且适用于曲面立体；不仅适用于正等测轴测图，而且也适用于其他轴测图。

6.2.3 曲面立体的正等测轴测图画法

曲面立体表面除了直线轮廓外，还有曲线轮廓线。曲线轮廓线通常是圆和圆弧。要绘制曲面立体的轴测图必须先研究圆和圆弧的轴测图。

1. 平行于坐标面的圆的正等测图

圆在与其不平行的投影面上的投影是椭圆。对于正等测图，各坐标面与轴测投影面是等倾的，因此，平行于各坐标面的圆的正等测投影是形状相同的椭圆。因为坐标面有 3 个，所以这些椭圆应该有 3 种不同的方向。

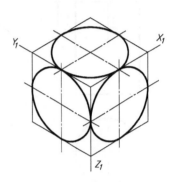

如图 6-8 所示，一个正方体，顶面、正面和侧面各有一个内切于棱面的圆。3 个面的正等测图为 3 个菱形，而 3 个圆的正等测图为内切于相应菱形的椭圆。可以看出，3 个椭圆的形状和大小一致，而方向不同，其方向取决于各自的长短轴方向。在正等测图中，这些椭圆一般用四段圆弧来近似代替。可以先画出相应的外切菱形，再确定四段圆弧的圆心。因此，这个方法称为外切菱形法或菱形四心法。具体作图方法如表 6-1 所示。

图 6-8 立方体表面上圆的正等测图

表 6-1 外切菱形法作圆的正等测图

步骤	1）定菱形框	2）定四段圆弧的圆心	3）画四段圆弧近似成椭圆
作图			
说明	根据该圆所平行的坐标面，绘出分别与两坐标轴平行的两直径的轴测图，再由两直径的端点 A、B、C、D 分别作轴测轴的平行线，构成椭圆相应的外切菱形框 EO_1FO_2，菱形的对角线为椭圆长、短半轴的方向	连接 AO_1、CO_2 和 BO_2、DO_1，两交点 O_3、O_4 即为小圆弧的圆心；菱形两顶点 O_1、O_2 为大圆弧的圆心	分别以 O_1、O_2 为圆心，R_1 为半径绘制大圆弧，以 O_3、O_4 为圆心 R_2 为半径绘制小圆弧，即得近似椭圆

平行于 3 个坐标面的圆的轴测投影图如图 6-9所示。

从图中可以看出，平行于 XOY 坐标面（H 面）的圆的正等测图的椭圆的长轴垂直于 O_1Z_1 轴，短轴平行于 O_1Z_1 轴；平行于 XOZ 坐标面（V 面）的圆的正等测图的椭圆的长轴垂直于 O_1Y_1 轴，短轴平行于 O_1Y_1 轴；平行于 YOZ 坐标面（W 面）的圆的正等测图的椭圆的长轴垂直于 O_1X_1 轴，短轴平行于 O_1X_1 轴。

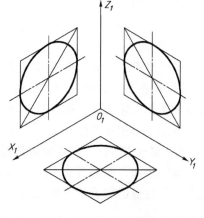

图 6-9　平行于坐标面的圆的轴测投影图

2. 常见曲面基本体的正等测图

（1）圆柱体的正等测图

如图 6-10a 所示，设有一铅垂线为轴的圆柱体，外径为 d，高为 h。由图可知顶圆和底圆平行于 XOY 坐标面。具体作图步骤如下。

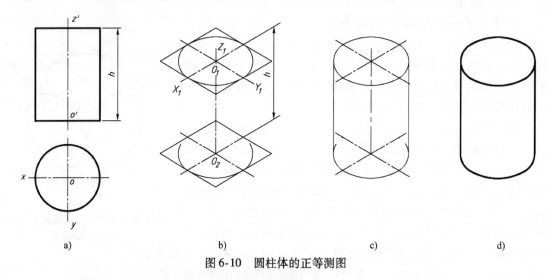

a)　　　　　　　　b)　　　　　　　　c)　　　　　　　　d)

图 6-10　圆柱体的正等测图

1）以顶圆圆心为坐标原点画出正等测轴测轴，从 O_1Z_1 轴向下量取 h 距离，确定底圆圆心 O_2，按表 6-1 所示的方法画出顶面和底面的椭圆。如图 6-10b 所示。

2）沿 Z_1 轴方向作两椭圆的公切线，如图 6-10c 所示。

3）擦去底面的椭圆的不可见部分，清理图面，加深轮廓线，完成圆柱的正轴测图，如图 6-10d 所示。

轴线平行于不同坐标轴的圆柱体的正等测轴测图如图 6-11 所示。

（2）圆角的正等测图

图 6-12a 是一平板的两视图，平板的 4 个角是圆角，实际上分别各为底面平行于 XOY 平面（H 面）的圆柱的 1/4，所以 4 个圆角的正等测图必为椭圆的一部分。因此，圆角的画法其实就是 1/4 圆柱的正等测图的画法。

用菱形四心法画出半径为 R 的圆的正等测图（椭圆），如图 6-12b 所示。从图中可以看出，以椭圆的 4 个连接点为界，椭圆的四段圆弧恰好为圆角上 1/4 圆的轴测图。而每段圆弧

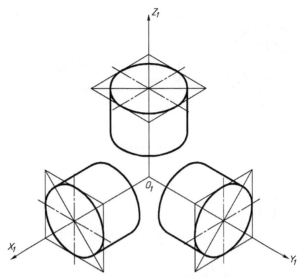

图 6-11　三个方向的圆柱体的正等测图

的圆心都是过外切菱形各边中点作垂线的交点，各圆弧的半径随之确定。各圆角的具体画法如图 6-12c 所示。图中所注出的 R 即为视图中给定的圆角半径。

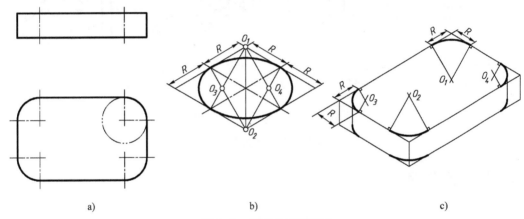

a)　　　　　　　　　　　　b)　　　　　　　　　　　　c)

图 6-12　圆角的正等测图

图 6-12c 中底面可见的圆角部分的圆心可根据顶面圆下移板厚距离，再用相同半径画出。最后沿 Z_1 轴方向作两圆弧的公切线，清理图面，加深轮廓线，完成圆角的正等测图。

（3）圆锥台的正等测图

图 6-13a 是圆锥台的两视图。其左、右端面为侧平面，平行于 ZOY 坐标面（W 面），轴线为水平线，平行于 OX 轴。圆锥台的正等测图的具体作图过程如下。

1）绘制轴测轴 O_1X_1，在其上取圆锥台两端面的圆心 O_1、O_2，间距为圆锥台的长度，如图 6-13b 所示。

2）过 O_1、O_2 分别作两端面的椭圆，如图 6-13c 所示。

3）作两椭圆的公切线形成外形轮廓，最后整理加深，如图 6-13d 所示。

（4）组合体的正等测图

一般用组合法绘制组合体的正等测图，即先用形体分析法分解组合体，然后按分解的形

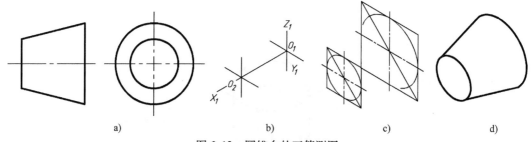

图 6-13　圆锥台的正等测图

体依次绘制各部分的正等测图。

图 6-14a 为一组合体的两视图。组合体由两部分组合而成。上部为立板,基本形体为半圆柱、长方体和圆柱孔,圆柱孔及半圆柱面上的圆均平行于 XOZ 坐标面（V 面）。下部为底板,其上有圆柱孔和两个圆角,圆和平面均平行于 XOY 坐标面（H 面）。具体作图过程如图 6-14 ~ 图 6-14 所示。

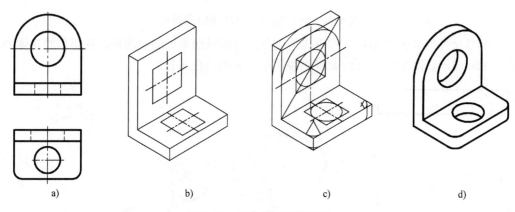

图 6-14　组合体的正等测图

6.3　斜二测轴测图

在斜二测轴测图的绘制中,确定物体空间位置的 3 个坐标平面有一个与轴测投影面平行,其上的平面图形的正等轴测投影的形状和大小均相同,因此,可以反映物体的一个面的实际形状。

6.3.1　斜二测轴测图的形成及轴间角和轴间伸缩系数

斜二测轴测图的形成原理如图 6-15a 所示。仍用正立投影面（V 面）作轴测投影面,保持物体的获得正投影视图的位置,选择与投影面倾斜的投射方向 S 向 V 面投影,当得到的轴测投影图的轴间角 $\angle X_1O_1Z_1 = 90°$、$\angle X_1O_1Y_1 = \angle Y_1O_1Z_1 = 135°$,$O_1X_1$、$O_1Z_1$ 的轴向伸缩系数 $p = r = 1$,O_1Y_1 的轴向伸缩系数 $q = 0.5$ 时,轴测图称为斜二测轴测图,简称斜二测图。图 6-15b 给出了斜二测图的轴间角和轴向伸缩系数。

为了便于作图,一般取 O_1Z_1 轴为垂直位置。

物体表面上与坐标面 XOZ 平行的图形的投影均反映它们的实形。因而,与坐标面 XOZ

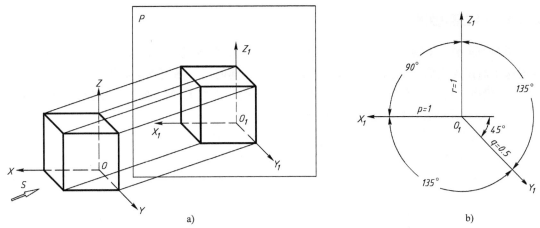

<table>
<tr><td>a)</td><td>b)</td></tr>
</table>

图 6-15　斜二测轴测图的形成及轴间角和轴间伸缩系数

平行的圆投影仍然是圆，且大小不变；平行于坐标面 *ZOY* 和 *XOY* 的圆投影为椭圆，如图 6-16 所示。

平行于坐标面 *ZOY* 和 *XOY* 的圆的投影（椭圆）画法采用平行弦线法，如图 6-17 所示。

由于斜二测图能反映物体一个方向上的表面真实图形，所以，当物体的一个方向上有较多的圆或圆弧时，绘制斜二测图能反映此物体的真实形状。

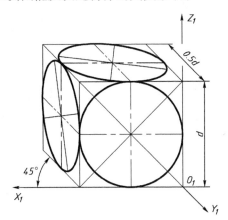

图 6-16　平行于坐标平面的圆的斜二测图

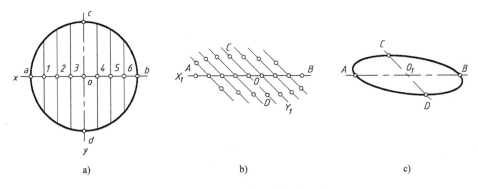

<table>
<tr><td>a)</td><td>b)</td><td>c)</td></tr>
</table>

图 6-17　斜二测图侧面椭圆的画法

6.3.2　斜二测轴测图画法

图 6-18a 给出了物体的两视图。从图中可以看出，物体的圆或圆弧都在一个方向上，所以把这个面作为正面，平行于坐标面 *XOZ* 放置。具体的斜二测图画法如下。

1）绘出轴测轴，将正面的一系列的圆或圆弧的圆心沿 Y_1 轴方向逐一定位，并绘出物体上正面较大平面的轴测图，如图 6-18b 所示。

2）按层次绘出各主要部分的形状，如图 6-18c 所示。

3）绘出各圆的公切线（Y_1 轴方向）和后端孔的可见轮廓。

4）清理图面，加深图线，完成作图，如图 6-18d 所示。

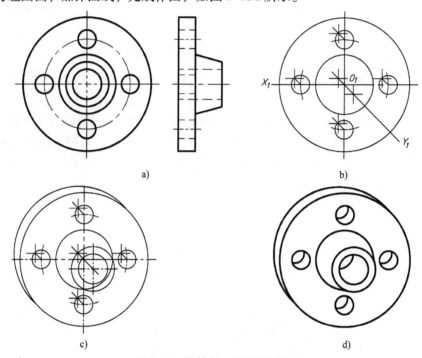

图 6-18　物体斜二测图的画法

6.4　徒手绘制轴测图

徒手绘制轴测图时，其作图原理和过程与尺规绘制轴测图是一样的。为了培养徒手绘制轴测图的技能，使所绘制的轴测图比较准确，一般先将立体的三视图绘在方格纸上，并在确定相应的轴测图轴向的格纸上绘制轴测图。经过反复训练，逐渐达到能够在空白图纸上比较准确地徒手绘制轴测图。

［例 6-3］　徒手绘制图 6-19a 所示立体的正等测轴测图。

解　由图 6-19a 可知，该立体可看作由一个长方体经过切割后形成，因此，可以用方箱切割法绘制。具体绘制步骤如下。

1）绘出长方体的正等测轴测图，如图 6-19b 所示。

2）切去立体前部的小长方体，形成 L 形体，如图 6-19c 所示。

3）切去 L 形体后面立板中间的方形槽和侧面两角，整理完成全图，如图 6-19d 所示。

[**例6-4**] 徒手绘制图6-20a所示立体的斜二测图。

解 由图6-20a可知，该立体可看作由一个底部开槽的水平板和一个带半圆柱的穿孔立板组合而成，因此，可以用组合法绘制。具体绘制步骤如下。

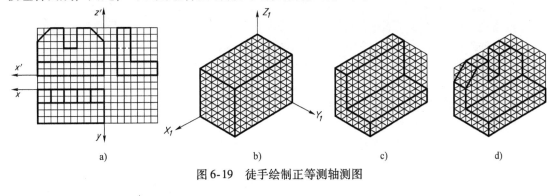

图6-19 徒手绘制正等测轴测图

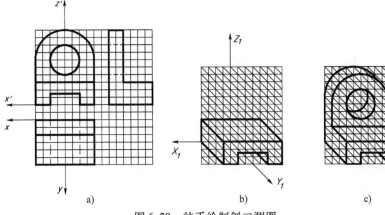

图6-20 徒手绘制斜二测图

1）绘出水平板的长方体并切去底部开槽，如图6-20b所示。

2）在正确位置绘出带半圆柱的立板，切去立板上的圆柱孔，整理完成全图，如图6-20c所示。

6.5 用AutoCAD绘制轴测图

用AutoCAD可以方便地绘制正等测图和斜二测图。在绘制轴测图时，一般要配合着物体捕捉（Object Snap）和栅格点捕捉（Snap、Grid）功能。

6.5.1 用AutoCAD绘制正等测图

1. AutoCAD中的等轴测捕捉

在AutoCAD中绘制正等测图，要把捕捉样式（Snap Style）设置为等轴测（Isometric）捕捉方式。使用命令方式的方法如下。

命令：snap↵
指定捕捉间距或［打开（ON）/关闭（OFF）/传统（L）/样式（S）/类型（T）］<10.0000>：s↵
输入捕捉栅格类型［标准（S）/等轴测（I）］<S>：i↵
指定垂直间距<10.0000>：↵

这时捕捉的轴向发生改变，坐标轴由直角坐标轴变为轴测坐标轴。以上功能也可以通过右击状态栏上的"捕捉样式"（SNAP）按钮，在弹出的"设置"对话框中设置。

下面通过命令来确定捕捉的轴测平面（两条轴测轴）。

命令：isoplane↵

当前等轴测平面：左视

输入等轴测平面设置 [左视（L）/俯视（T）/右视（R）] ＜俯视＞：↵

当前等轴测面：俯视

各选项意义如下。

- 左视：选择左面为当前绘图面，如图6-21a所示。
- 俯视：选择顶面为当前绘图面，如图6-21b所示。
- 右视：选择右面为当前绘图面，如图6-21c所示。

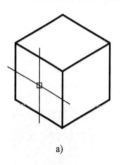 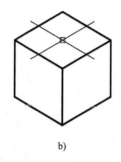 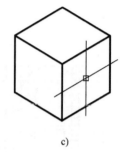

a) b) c)

图6-21 Isoplane 的 3 个绘图面

一般在绘图过程中，通过＜F5＞键在3个绘图面间切换。

通过打开或关闭状态栏上的 SNAP 按钮，可以设置是否捕捉栅格点；通过打开或关闭状态栏上的 GRID 按钮，可以设置是否显示栅格点。

2. 绘制圆的正等测图

平行于各坐标面的圆的正等测投影是形状相同的椭圆。在用 AutoCAD 绘正等测图时，可以用椭圆命令方便地画出平行于左面、顶面和右面的圆的正等测图。其方法如下。

命令：ellipse↵

指定椭圆轴的端点或 [圆弧（A）/中心点（C）/等轴测圆（I）]：i↵

指定等轴测圆的圆心：↵

指定等轴测圆的半径或 [直径（D）]：↵

同样大小的圆，由于捕捉的轴测平面不同，其轴测图的椭圆方向也不同。所以在绘图时，一定要注意圆的方向，并通过＜F5＞键在3个绘图面间切换。图6-22显示了3个正等测平面上的圆的正确方向。

用 AutoCAD 绘制正等测图的方法与尺规绘图基本相同。因为能够捕捉等轴测并可以通过椭圆命令直接绘出与3个正等测平面平行的圆，所以更加方便。

图6-22 3 个正等测平面上圆的正确方向

6.5.2　用 AutoCAD 绘制斜二测图

　　用 AutoCAD 绘制斜二测图虽然不能捕捉其轴测轴方向，但绘制斜二测图的方法却比较简单。只要绘出物体的主视图，再将各要素沿 Y_1 轴在相应的位置上复制（Copy），最后用与尺规绘图相同的方法完成。

第7章　机件的表达方法

机件的结构形状是多种多样的，有时仅用三个视图来表达还是不够清晰。本章将介绍国家标准《技术制图》和《机械制图》中规定的视图、剖视图、断面图以及其他表达方法。绘图时，应根据机件的结构形状特点，采用适当的表达方法，在完整、清晰表达的前提下，力求制图简便。

7.1　表达机件外形的方法　　视图

GB/T 17451—1998《技术制图　图样画法　视图》中规定把视图分为基本视图、向视图、局部视图和斜视图，主要用于表达机件的外部结构形状。

7.1.1　基本视图

将机件向基本投影面投射所得的视图称为基本视图。其中除前面学过的主视图、俯视图和左视图外，还有从右向左投射得到右视图，从下向上投射得到仰视图，从后向前投射得到后视图。规定正六面体的6个侧面为基本投影面。各个基本投影面的展开方法如图7-1所示，6个基本视图的名称及配置如图7-2所示。

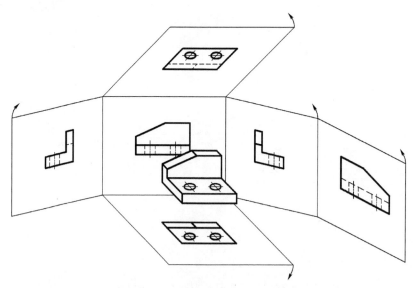

图7-1　基本投影面与6个基本视图

应注意，在同一张图纸内按图7-2配置视图时，一般不标注视图的名称。六个基本视图之间仍满足"长对正、高平齐、宽相等"的投影规律。实际画图时，应根据表达的需要，选用必要的基本视图。

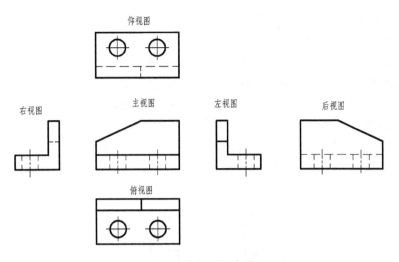

图 7-2　六个基本视图的名称及配置

7.1.2　向视图

向视图是可以自由配置的视图。向视图是基本视图的另一种表现形式，是位移（不旋转）配置的基本视图。为了便于看图，应在向视图的上方用大写拉丁字母标出该向视图的名称（如 "A" "B" 等），且在相应的视图附近用箭头指明投射方向，并标注同样的字母，如图 7-3 所示。

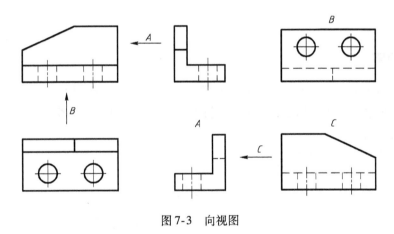

图 7-3　向视图

向视图中表示投射方向的箭头应尽量配置在主视图上，以使所获得的向视图与基本视图相一致。而在标注用向视图表达的后视图时，应将投射箭头配置在左视图或右视图上。

7.1.3　局部视图

局部视图是将物体的某一部分向基本投影面投射所得的视图。如图 7-4 所示的机件，如果采用主、俯、左、右 4 个视图来表达，当然可以表达得完整、清晰；但如果采用主、俯两个基本视图，并配合 A 向、B 向两个局部视图，就表达得更为简练，对于看图、画图都很方便。

局部视图的画法和标注规定如下。

1）局部视图可按基本视图的配置形式配置。此时，如果局部视图与相应的另一视图间没有其他图形隔开时，可省略标注，如图 7-4 中局部视图 A。

2）局部视图也可按向视图的配置形式配置并标注，如图 7-4 中局部视图 B。

3）在机械制图中还可以按第三角画法配置在视图上所需表示物体局部结构的附近，并用细点画线将两者相连。

4）局部视图断裂处的边界线应以波浪线或双折线表示，如图 7-4 中局部视图 A。但当所表示的局部视图的外形轮廓成封闭时，则不必画出其断裂边界线，如图 7-4 中局部视图 B。

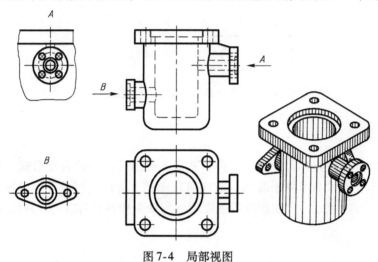

图 7-4　局部视图

7.1.4　斜视图

斜视图是物体向不平行于基本投影面的平面投射所得的视图，用于表达机件倾斜结构的外形，如图 7-5 中视图 A。为表达机件上倾斜表面的实形，可选用一个平行于这个倾斜表面的平面作为投影面。

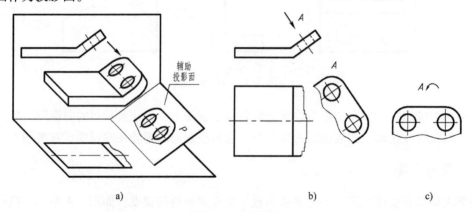

图 7-5　斜视图

斜视图的画法和标注规定如下。

1）当获得斜视图的投影面是正垂面时，如图 7-5a 中选用正垂面 P 作为投影面，这时 P

面和 V 面，与 H 面和 V 面一样，也是一个两面投影体系。同理，当获得斜视图的投影面是铅垂面时，斜视图和 H 面之间也是一个两面投影体系。

2）斜视图通常按向视图的配置形式配置并标注，如图 7-5b 所示。

3）绘制斜视图时，通常只画出倾斜部分的局部外形，而省去其他部分。其断裂处边界用波浪线或双折线表示，如图 7-5b 所示。

4）必要时，在不致引起误解情况下，允许将斜视图旋转配置。这时斜视图应加注旋转符号，如图 7-5c 所示。旋转符号为半圆形，半径等于字体高度，线宽为字体高度的 1/10。应注意，表示视图名称的大写拉丁字母应靠近旋转符号的箭头端，也允许将旋转角度标注在字母之后。

7.2 表达机件内形的方法 剖视图

当机件的内部形状较复杂时，在视图上会出现许多虚线，既不便于画图和看图，又不利于标注尺寸。为了更清楚地表达机件的内部结构形状，可采用剖视的画法。

7.2.1 剖视的基本概念

1. 剖视图的概念

假想用剖切面剖开机件，将处在观察者和剖切面之间的部分移去，而将其余部分向投影面投射所得的图形称为剖视图，简称剖视，如图 7-6 所示。

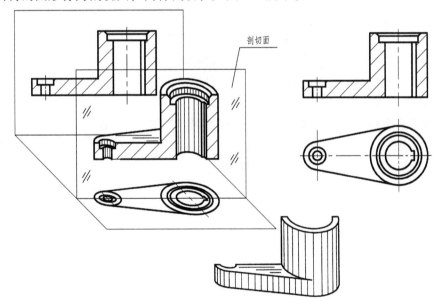

图 7-6 剖视图的概念

剖视仅是表达机件内部结构形状的一种方法，并非真正将机件剖开，所以将一个视图绘制成剖视图后，不应影响其他视图的完整性。

2. 剖视的画法要点

1）假想用剖切面剖开物体，剖切面与物体的接触部分称为剖面区域。为了图形的清晰，在剖面区域内应画出区别被剖机件材料的剖面符号。

表7-1列举了几种常用材料的剖面符号。

表7-1　几种常用材料的剖面符号

材料名称	剖面符号	材料名称	剖面符号
金属材料 （已有规定剖面符号者除外）		液体	
非金属材料 （已有规定剖面符号者除外）			

对于机械制图，国家标准规定了更多的剖面符号画法。

金属材料的剖面符号是用与水平线倾斜45°角且相隔均匀的细实线画出。向左或向右倾斜均可。但在表达同一机件的所有视图上，倾斜方向应相同，间隔要大致相等。

如果不需要在剖面区域中表示材料的类别时，可以采用通用剖面线。

通用剖面线画法与金属材料的剖面符号类似，应以细实线绘制，但最好与主要轮廓或剖面区域的对称线成45°角，如图7-7所示。

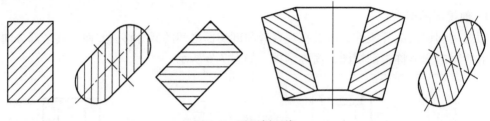

图7-7　通用剖面线

2）剖切面一般应平行于某一投影面，且应尽量通过较多的内部结构（孔或沟槽）的对称面或轴线。

3）剖切面后方的可见部分应全画出，不能遗漏。如图7-8中漏画了台阶面的投射线。

4）在剖视图中，对已经表示清楚的结构，虚线可以省略不画。对没有表达清楚的内部结构，才用虚线画出。

3. 剖视图的标注

（1）剖视图标注的要素

完整的剖视图标注的要素如图7-9a所示，包括如下内容。

1）剖切线：指示剖切面位置的线，以细点画线绘制，可以省略。

2）剖切符号：指示剖切面起、迄和转折位置及投射方向的符号，分别以粗短画和箭头表示。

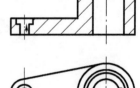
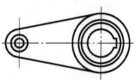

3）字母：大写拉丁字母或阿拉伯数字。

一般应标注剖视图或移出断面图的名称（如 $A—A$），在相应的视图上用剖切符号表示剖切位置和投射方向，并标注相同的字母（如 A）。

图7-8　画剖视图时
易漏画的图线

（2）剖视图标注的省略

在下列情况下剖视图的标注可以简化或省略。

1）在机械制图中可省略剖切符号之间的剖切线，省略后的标注如图 7-9b 所示。

2）当剖视图按投影关系配置，且中间没有其他图形隔开时，可以省略箭头。

3）当剖切平面与机件的对称平面重合，且剖视图按投影关系配置，中间又无其他图形隔开时，可省略全部标注。

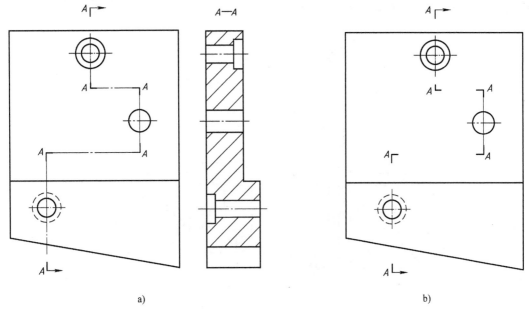

图 7-9　剖视图的标注

7.2.2　常用的剖视图和剖切方法

为解决机件内部的表达，使图形简明且层次清晰，可采用剖视，但它往往将外形剖去，使外形得不到表达。为了对不同结构的机件，能兼顾内外形状的清晰表达，国家标准规定有全剖视图、局部剖视图、半剖视图和数种不同的剖切方法供选用。

1. 常用的剖视图

（1）全剖视图

假想用剖切面完全地剖开机件所得到的剖视图，称为全剖视图。

全剖视图主要用于内形复杂的不对称机件，或外形简单的对称机件，如图 7-10 所示。

（2）半剖视图

当机件具有对称平面时，在垂直于对称平面的投影面上投射所得的图形，可以以对称中心线为界，一半画成剖视，另一半画成视图，这样的图形称为半剖视图，如图 7-11 所示。

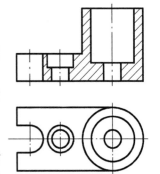

图 7-10　全剖视图

画半剖视图时应注意以下几点。

1）半个剖视图和半个视图的分界线是对称中心线或轴线，不能画成粗实线。如轮廓线与对称中心线重合时，应采取其他剖视图。

2）由于半剖视图的图形对称，所以表示外形的视图中对已表达清楚的内形虚线不必画出。

3）半剖视图的标注规则与全剖视图相同。在图7-11中，因为主视图的剖切平面与机件的对称中心平面重合，所以在图上可以不必标注。而对俯视图来说，因为机件不对称于水平剖切平面，所以必须在主视图上标注剖切平面的位置，并在剖切符号旁标注字母 A，同时在俯视图上方标注 $A—A$，但是箭头可以省略。

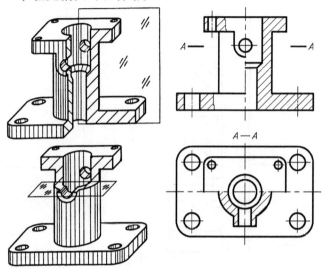

图7-11 半剖视图

4）机件形状接近于对称，且不对称部分已另有图形表达清楚时，也可画成半剖视图，如图7-12所示。

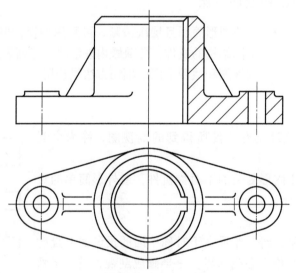

图7-12 机件接近于对称的半剖视图

（3）局部剖视图

假想用剖切面局部地剖开机件所得的剖视图，称为局部剖视图，如图7-13所示。

局部剖视是一种比较灵活的表示方法，不受图形是否对称的限制，剖在什么地方和剖切范围多大，都可以根据需要决定。局部剖视一般用于下列情况。

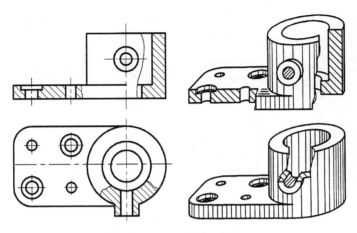

图 7-13　局部剖视图

1) 当机件个别部分的内部结构尚未表达清楚，但又不宜作全剖视时，可采用局部剖视。如图 7-13 中的主视图，采用了两个局部剖视，既保留了凸台外形，又清楚地表达了内部结构。

2) 在对称机件的轮廓线与对称中心线重合而不宜采用半剖视的情况下，可采用局部剖视，如图 7-14 所示。

3) 必要时，允许在剖视图中，再作一次简单的局部剖视，这时两者的剖面线应同方向，同间隔，但要互相错开，如图 7-15 所示。

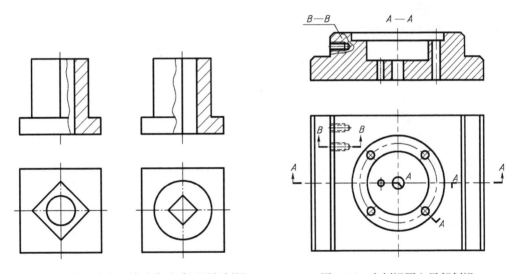

图 7-14　棱线与对称中心线重合时采用局部剖视　　　图 7-15　在剖视图上局部剖视

在画局部剖视图时，要注意以下几点。

1) 局部剖视图与视图之间要用波浪线分界，波浪线可认为是断裂面的投影，因此波浪线不能在穿通的孔或槽中通过，也不能超出视图轮廓之外，也不应与图形上的其他图线重合，如图 7-16 所示。

2) 当被剖结构为回转体时，允许将该结构的轴线作为局部剖视图与视图的分界线，如图 7-17 所示。

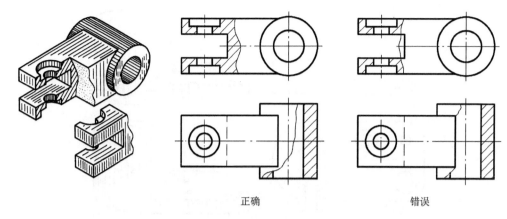

| 正确 | 错误 |

图 7-16　局部剖视画法对比

3）对于剖切位置明显的局部剖视图，一般都不必标注。

4）局部剖视是一种比较灵活的表示方法，运用得好，可使视图简明清晰。但在一个视图中局部剖视的数量不宜过多，不然会使图形过于破碎，反而对看图不利。

2. 常用的剖切方法

（1）单一剖切面

单一剖切面剖切，除了上述的用单一的平行于基本投影面的平面进行剖切外，还有单一斜剖切平面和单一剖切柱面。

单一斜剖切平面剖切是指用不平行于任何基本投影

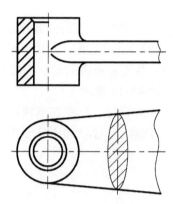

图 7-17　局部剖视的特殊画法

面的剖切平面剖开机件，再投影到与剖切平面平行的投影面上，如图 7-18 中的剖切面 "A" 及剖视图 "A—A"。

此时，必须标出剖切位置，并用箭头指明投射方向，注明剖视名称。剖视图最好配置在箭头所指的方向，并符合投影关系，如图 7-18a 所示。必要时也允许平移到其他适当地方，如图 7-18b 所示，或将图形旋转画出。当图形有旋转时，必须加注旋转符号，如图 7-18c 所示。

采用单一柱面剖切机件时，剖视图一般应按展开绘制，并在剖视图名称后加注 "展开"。

（2）几个平行的剖切面

用一组互相平行的剖切面剖开机件获得的剖视图，如图 7-19 所示。

有些机件的内形层次多，用一个剖切平面不能全部表达内部结构形状，若采用用一组互相平行的剖切面剖开机件，所获得的剖视图可能就清晰多了。

采用这种剖切方法时，应注意以下几点。

1）因为剖切是假想的，所以在剖视图中不应画出两个剖切平面转折处的投影，且剖切位置符号的转折处不应与图上的轮廓线重合，如图 7-19d 所示。

2）在绘制剖视图时，在图形内不应出现不完整要素，图 7-19d 所示只有当两个要素在

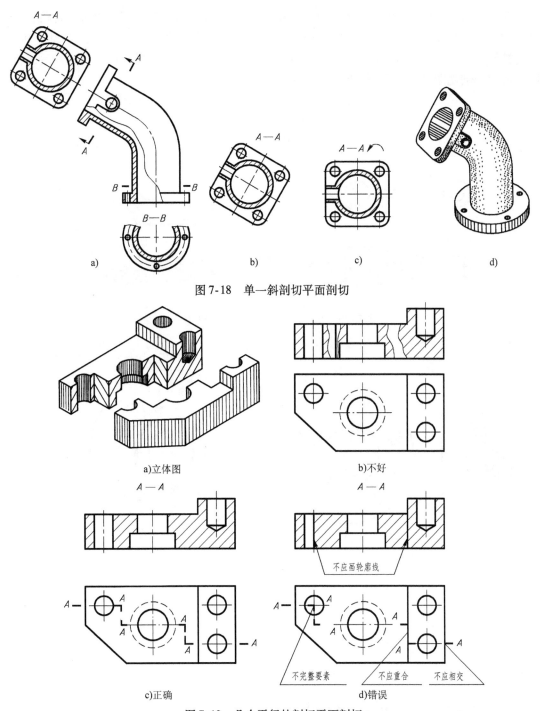

图 7-18　单一斜剖切平面剖切

a)立体图　　　　b)不好

A — A　　　　　A — A

不应画轮廓线

c)正确

d)错误

不完整要素　　不应重合　　不应相交

图 7-19　几个平行的剖切平面剖切

图形上具有公共对称中心线或轴线时，才允许各绘制一半，此时，应以对称中心线或轴线为界。

3）采用这种剖切方法画剖视图时必须加以标注，其标注形式如图7-19c所示。在剖切平面的起始、转折、终了处均用粗短线绘出剖切符号，并注上同一字母。当转折处空间有限，又不会引起误解时，允许省略字母。剖视图的投射方向明确时，箭头也可以省略。

（3）几个相交剖切面　用几个相交的剖切平面（交线垂直于基本投影面）剖开机件，并将被倾斜剖切平面剖到的结构要素及其有关部分旋转到与选定的投影面平行，然后进行投影，获得的剖视图如图 7-20 和图 7-21 所示。

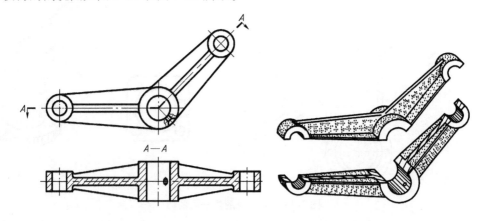

图 7-20　几个相交的剖切平面剖切（一）

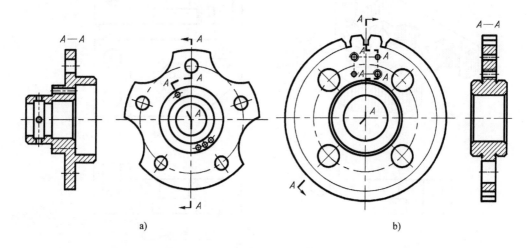

图 7-21　几个相交的剖切平面剖切（二）

旋转剖适用于端盖、盘状一类的回转体机件，对于具有明显回转轴线的机件也常采用。绘制旋转剖的剖视图时，剖切平面后的其他结构一般仍按原来位置投影画出，如图 7-20 中的小油孔。当剖切后产生不完整要素时，应将此部分按不剖绘制。

7.3　表达机件断面形状的方法　　断面图

假想用剖切面将机件的某处切断，仅画出该剖切面与机件接触部分的图形，称为断面图，简称断面，如图 7-22 所示。

断面图常用来表示机件上某一局部的断面形状，例如机件上的肋板、轮廓，轴上的键槽和孔等。根据断面图绘制时所配置的位置不同，可分为移出断面和重合断面两种。

7.3.1 移出断面

画在视图外面的断面称为移出断面，如图 7-22 所示。

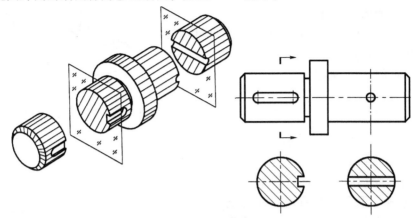

图 7-22　断面图

1. 移出断面的画法

1）移出断面的轮廓线用粗实线绘制，并应尽量配置在剖切符号或剖切线的延长线上。必要时也可配置在其他适当位置。当剖面图形对称时也可画在视图的中断处，如图 7-23 所示。

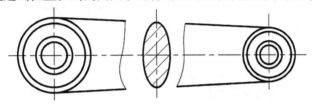

图 7-23　断面图画在中断处

2）由两个或多个相交的面剖切得出的移出断面，中间一般应断开，如图 7-24 所示。

3）当剖切平面通过回转面形成的孔或凹坑的轴线时，这些结构应按剖视绘制，如图 7-25 所示。

4）当剖切平面通过非圆孔，会导致出现完全分离的两个断面时，这些结构应按剖视绘制，如图 7-26 所示。

2. 移出断面的标注

1）移出断面一般应用剖切符号表示剖切位置，用箭头表示投射方向，并注上大写拉丁字母，在断面图的上方应用同样的字母标出相应的名称"×—×"。

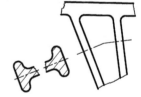

图 7-24　两相交剖切平面的断面图画法

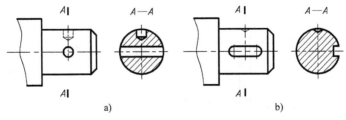

图 7-25　按剖视图绘制的断面图（一）

2）配置在剖切符号延长线上的不对称移出断面，可以省略字母，如图 7-22 所示。

3）当断面图按投影关系配置或断面图对称时，可以省略箭头，如图 7-22 和图 7-25 所示。

4）画在剖切符号延长线上，并以该线为对称轴的对称断面图，以及画在视图中断处的对称断面图可以省略标注，如图 7-22 和图 7-23 所示。

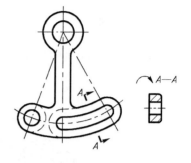

图 7-26　按剖视图绘制的断面图（二）

7.3.2　重合断面

绘制在视图内的断面称为重合断面，如图 7-27 所示。

1. 重合断面的画法

重合断面的轮廓线用细实线绘制，当视图中的轮廓线与重合断面的轮廓线重叠时，视图中的轮廓线仍应连续画出，不可间断，如图 7-27a 所示。

需注意，因重合断面是绘制在视图内的，所以只能在不影响图形清晰的情况下采用。

2. 重合断面的标注

重合断面标注时一律不用字母，一般只用剖切符号和箭头表示剖切位置和投射方向，如图 7-27a 所示，当重合断面图形对称时，可以省略标注，如图 7-27b 所示。

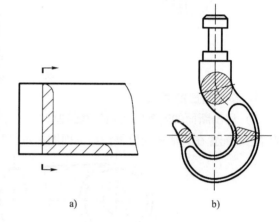

a)　　　　　　　　　b)

图 7-27　重合断面图

7.4　其他表达方法

对于一些特定的零件，为使图形的绘制与阅读更加方便、快捷与清晰，常需用到制图标准中规定的其他表达方法。

7.4.1　局部放大图

当机件的部分结构图形过小而表达不清或不便于标注尺寸时，可将该部分结构用大于原图形所采用的比例画出，所得的图形称为局部放大图，如图 7-28 所示。

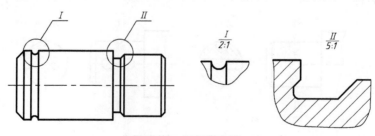

图 7-28　局部放大图

局部放大图可以根据需要绘制成视图、剖视图或断面图，与被放大部位的表达形式无关。局部放大图应尽量配置在被放大部位的附近。

绘制局部放大图时，应当用细实线圈出放大部位。当同一机件上有几个放大部位时，必须用罗马数字顺序地标明放大的部位，并在局部放大图的上方标注相应的罗马数字和采用的放大比例。当机件上仅有一个放大部位时，在局部放大图的上方只需注明采用的比例。

7.4.2 简化画法

GB/T 16675.1—2012 规定了若干简化画法。这些画法使图样清晰、有利于看图和绘图。现将一些常用的简化画法介绍如下。

1) 对于机件的肋、轮辐及薄壁等，如按纵向剖切，这些结构都不画剖面符号，而用粗实线将它与其邻接部分分开，如图 7-29 ~ 图 7-31 所示。

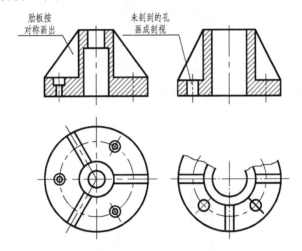

图 7-29 均匀分布的肋、孔的剖视画法

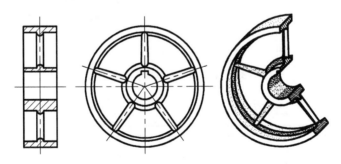

图 7-30 轮辐的剖视画法

2) 当零件回转体上均匀分布的肋、轮辐、孔等结构不处于剖切平面时，可将这些结构旋转到剖切平面上画出，如图 7-29 所示。

3) 当机件具有若干相同结构（齿、槽等），并按一定规律分布时，只需绘出几个完整的结构，其余用细实线连接，在零件图中则必须注明该结构的总数，如图 7-32 所示。

4) 若干直径相同且成规律分布的孔（圆孔、螺孔、沉孔等），可以仅绘出一个或几个，其余只需用细点画线表示其中心位置，在零件图中应注明孔的总数，如图 7-33 所示。

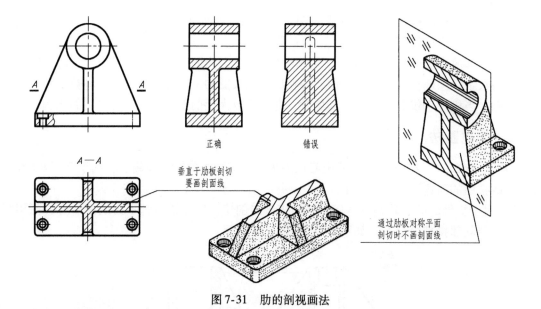

图 7-31　肋的剖视画法

5) 当回转体零件上的平面在图形中不能充分表达时，可用两条相交的细实线表示这些平面，如图 7-34 所示。

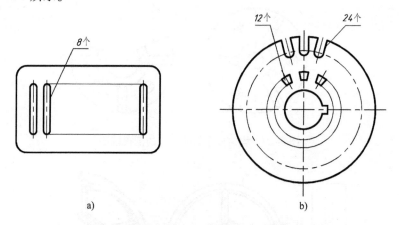

图 7-32　按规律分布的相同要素的画法

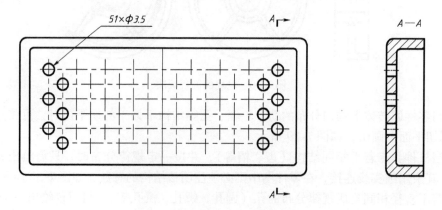

图 7-33　按规律分布的孔的画法

6) 在不致引起误解时，对于对称机件的视图可只画 1/2 或 1/4，并在对称中心线的两端绘制两条与其垂直的平行细实线，如图7-35所示。

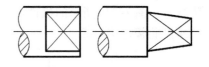

图 7-34 用符号表示平面

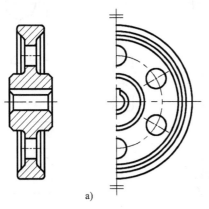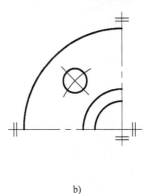

a)   b)

图 7-35 对称图形的简化画法

7) 较长的机件（轴、杆、型材、连杆等）沿长度方向的形状一致或按一定规律变化时，可断开后缩短绘制，如图 7-36 所示。折断处可用波浪线表示。标注机件的长度尺寸时，仍按原来的实际长度注出。实心圆柱体和空心圆柱体的折断还可分别以图 7-36c 和图 7-36d 来表示。

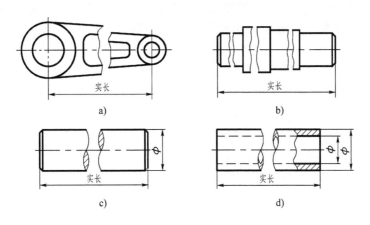

图 7-36 折断画法

7.5 剖视应用举例

绘制机件图样时，应首先考虑看图方便。

在完整、清晰地表达机件各部分结构形状的前提下，力求制图简便。这就要求在选择机件的表达方案时，尽可能针对机件的结构特点，恰当地选用各种视图、剖视、断面和简化画法等表达方法。下面举例说明。

[**例7-1**]　图 7-37a 所示的机件，上部是空心圆柱体，下部是有 4 个圆柱通孔的斜板，中间用十字型肋板连接而成。

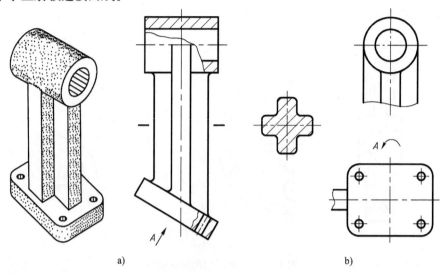

图 7-37　[例7-1] 表达方法

为了完整、清晰、简明地表达该机件，将空心圆柱的轴线水平放置，并局部剖开空心圆柱和斜板上的圆柱通孔作为主视图，这样既表达了肋、圆柱和斜板的外部结构形状，又表达了空心圆柱和圆柱通孔的内部结构形状，如图 7-37b 所示。

为了表达水平圆柱与十字肋的连接关系，采用了一个局部视图；为了表达十字肋的形状，采用了一个移出断面；为了表达斜板的实形，采用了"A 向旋转"的斜视图，如图7-37b所示。

[**例7-2**]　如图 7-38a 所示，机件的主体部分是在垂直轴线上有若干直径不同的阶梯空心圆柱体，顶部为有 4 个小孔的方盘，底部为有 4 个小孔的圆盘，两旁各有一柱形通道，左上方的通道端面是圆盘，右前方的通道端面是卵形凸缘。

在选择表达方案时，首先要考虑选择最能反映形体特征的投射方向作为主视图方向，然后正确运用有关的机件表达方法，从而使图形清晰易看。

为了把该机件主体的内腔形状及主体部分与左右两凸缘部分的关系表达清楚，主视图采用了 A—A 旋转剖。剖切位置在俯视图中注明。因 A—A 剖视图的投射方向明确，所以省略了箭头，如图 7-38b 所示。

俯视图采用 B—B 阶梯剖，从而将两旁柱形通道的内部结构及相对位置表达清楚。B—B 剖视的标注也省略了箭头。

由于 B—B 剖切平面将机件上端面的方盘剖切去了，所以用 E 向局部视图表示其形状及四个小孔的分布位置。

左侧凸缘的形状用 C—C 剖视来表示，右前方的凸缘形状是用 D 向局部视图来表示的。机件左侧凸缘及底面圆盘上的 4 个小孔，可将其中一个孔旋转到被 A—A 剖切平面剖切到的位置画出，以表示都是通孔。

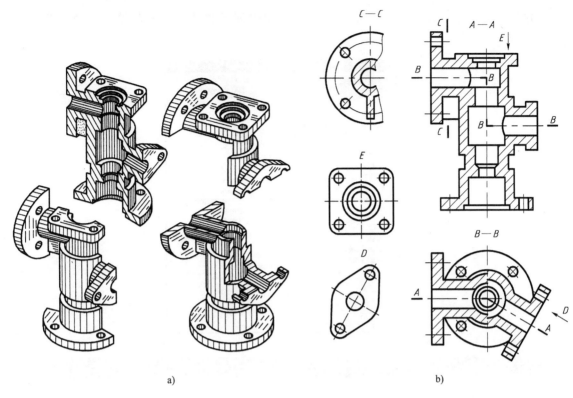

a)   b)

图 7-38　泵壳体的视图表达

7.6　用 AutoCAD 绘制剖视图

用 AutoCAD 绘制剖视图时，正确地在指定区域中画剖面线是主要的问题，在 AutoCAD 中，这一过程称为图案填充。

AutoCAD 提供了绘制、修改剖面线（即图案填充）的命令，其操作简单，使用方便。

下面简要介绍有关图案填充的命令，并举例说明其用法。

当进行图案填充时，首先要确定填充的边界。定义边界的对象只能是直线、射线、多义线、样条曲线、圆弧、圆、椭圆、椭圆弧、面域等，并且构成的一定是封闭区域，AutoCAD 2008 及以前版本要求作为边界的对象在当前的屏幕上全部可见，才能正确地填充。

7.6.1　图案填充

采用 Auto CAD 进行图案填充的方法有以下 3 种：

- 下拉菜单："绘图"（Draw）→"图案填充"（Hatch）。
- 工具栏："绘图"（Draw）→"图案填充"（Hatch）。
- 选项卡：默认→绘图→图案填充。

图案填充的一般操作步骤如下。

1）单击相应的下拉菜单、图标或输入 HATCH 命令后按＜Enter＞键，在 AutoCAD 经典工作空间弹出"图案填充和渐变色"对话框，如图 7-39a 所示；在草图与注释工作空间出现"图案填充创建"选项卡，如图7-39b所示，用以确定图案填充时的填充图案、填充边界等内容。

a)

b)

图 7-39　图案填充

a) "图案填充和渐变色" 对话框　b) "图案填充创建" 选项卡

2）在"图案"（Pattern）或"样例"（Swatch）下拉列表中选择要填充的图案样式。

3）可以在"角度"（Angle）和"比例"（Scale）文本框中分别修改填充图案的旋转角度及大小比例。

4）在"边界"选项组中单击"添加：拾取点"（Pick Points）按钮，在图形中所要填充的区域内任意点取一点，AutoCAD 会自动确定出包围该点的封闭填充边界，且这些边界以高亮度显示。可以依次选择多个填充区域。按 < Enter > 键返回到"图案填充和渐变色"对话框。还可配合使用"边界"选项组中的其他按钮，来正确选择填充区域。

5）单击"预览"（Preview）按钮，可预览填充效果。

6）如果填充效果满意，单击"确定"按钮或按 < Enter > 键，完成填充。否则修改相应选项后重复以上操作。

7.6.2　图案填充示例

[例7-3]　运用 AutoCAD 的有关绘图命令及画剖面线命令完成如图7-40所示的半剖视图。

解　绘图步骤如下。

1）设置图层，将剖面线设置在单独的层上。

2）用组合体绘图方法绘制如图 7-41 所示图形。

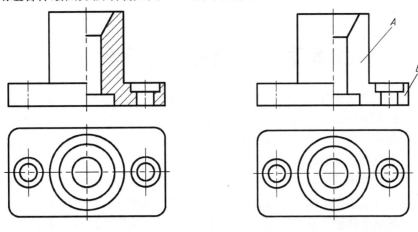

图 7-40   给定的半剖视图   图 7-41   半剖视图的绘制

3）用"图案填充"命令，以点取的方式取区域 A 和 B 内的任一点，设置好剖面线图案和比例，单击"确定"按钮或按 < Enter > 键，完成半剖视图的填充。

第8章 标准件和常用件

在机器与设备中起联接和紧固作用的零件叫紧固件，例如，螺栓、螺母、垫圈、双头螺柱和螺钉等。这些紧固件在机器与设备中大量使用，为了减轻设计负担，提高产品质量和生产效率，便于专业化批量生产，国家制定了标准，统一规定了紧固件的结构形式、尺寸系列和加工要求等。完全符合国家标准规范的零、部件称为标准件。

工业中还有一些常用的零件，如齿轮、蜗轮、蜗杆和弹簧等，它们的结构和重要参数都有国家标准规定。凡是重要结构和参数符合国家标准规定的零件，称为常用件。

为了提高绘图效率和便于看图，国家标准对于标准件、常用件的画法作了具体规定，不完全按照它们的真实投影绘图，而是运用一些简化和示意的画法及标记表示。因此，画图时必须严格遵守相关的国家标准，并学会查阅有关的标准手册。

本章将主要介绍螺纹、螺纹紧固件、销、键、滚动轴承、齿轮和弹簧的基本知识、规定画法和标记。

8.1 螺纹和螺纹紧固件

螺纹紧固件由于联接可靠、拆卸方便而得到广泛应用，且其各部分的结构与参数皆已标准化，是典型的标准化零件。

8.1.1 螺纹

螺纹是在圆柱或圆锥台表面上沿着螺旋线加工而成的，是螺栓、螺母、螺钉等标准件上的主要结构。在回转体外表面上的螺纹叫外螺纹，在回转体内表面上的螺纹叫内螺纹。

1. 螺纹的形成

加工螺纹的方法很多，图8-1所示为在车床上加工螺纹的情况。加工直径较小的内螺纹时，先用钻头钻孔，再用丝锥攻螺纹，如图8-2所示。

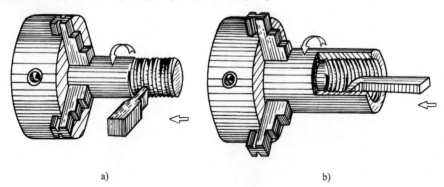

a)   b)

图8-1　车制螺纹

2. 螺纹的基本要素

（1）牙型

在通过螺纹轴线的剖面上，螺纹的轮廓形状称为牙型。牙型有三角形、梯形、锯齿形等。不同牙型的螺纹有不同的用途，常用的标准螺纹牙型及用途见表8-1。

（2）直径

螺纹的直径包括大径（d，D）、小径（d_1，D_1）、中径（d_2，D_2），如图8-3所示。外螺纹的直径用小写字母表示，内螺纹直径用大写字母表示。

大径是指与外螺纹牙顶或内螺纹牙底相重合的假想圆柱面直径。

小径是指与外螺纹牙底或内螺纹牙顶相重合的假想圆柱面直径。

中径是指通过牙型上的沟槽宽度与凸起宽度相等处的假想圆柱面直径。

螺纹的尺寸一般用大径来表示（管螺纹例外），所以大径也称为公称直径。

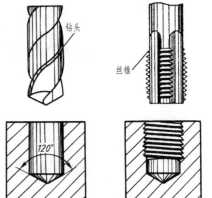

图8-2　丝锥攻内螺纹

表8-1　常用螺纹的牙型及用途

螺纹名称及牙型符号	牙　型	用　途	说　明
粗牙普通螺纹 细牙普通螺纹 M	60°	一般联接用粗牙普通螺纹 薄壁零件的联接用细牙普通螺纹	螺纹大径相同时，细牙螺纹的螺距和牙型高度都比粗牙螺纹的螺距和牙型高度要小
55°非密封管螺纹 G	55°	常用于电线管等不需要密封的管路系统中的联接	螺纹如另加密封结构后，密封性能好，可用于高压的管路系统
55°密封管螺纹 Rc Rp R$_1$ 或 R$_2$	1:16　55°	常用于日常生活中的水管、煤气管、润滑油管等系统中的联接	Rc—圆锥内螺纹，锥度1:16 Rp—圆柱内螺纹 R$_1$—与圆柱内螺纹相配合的圆锥外螺纹，锥度1:16 R$_2$—与圆锥内螺纹相配合的圆锥外螺纹，锥度1:16

螺纹名称及牙型符号	牙　　型	用　　途	说　　明
梯形螺纹 Tr	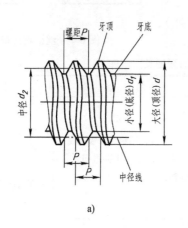	多用于各种机床上的传动 丝杠	作双向动力的传递
锯齿形螺纹 B	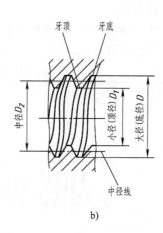	用于螺旋压力机的传动 丝杠	作单向动力的传递

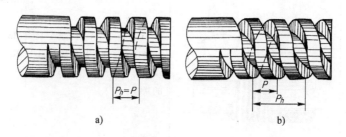

图8-3　螺纹的各部分名称

a）外螺纹　b）内螺纹

（3）线数 n

线数指的是形成螺纹的螺旋线的条数。沿一条螺旋线所形成的螺纹称为单线螺纹，如图8-4a 所示；沿两条或两条以上在轴向等距分布的螺旋线所形成的螺纹称为多线螺纹，如图8-4b 所示。

图8-4　螺纹的线数、螺距和导程

a）单线螺纹　b）多线螺纹

（4）螺距 P 和导程 P_h

螺纹上相邻两牙在中径线上对应两点间的轴向距离，称为螺距，如图 8-4a 所示。同一条螺旋线上相邻两牙在中径线上对应两点间的轴向距离，称为导程，如图 8-4b 所示。

对于单线螺纹，导程 P_h = 螺距 P；对于多线螺纹，导程 P_h = 线数 n × 螺距 P，如图 8-4 所示。

（5）旋向

当螺纹顺时针方向旋转为旋进时是右旋螺纹，反之为左旋螺纹，如图 8-5 所示。

内外螺纹相配合时，它们的基本要素必须全部相同。

国家标准对螺纹的牙型、大径和螺距做了规定。凡是三项都符合标准的称为标准螺纹；只有牙型符合规定，大径或螺距不符合标准的称为特殊螺纹；牙型不符合标准的称为非标准螺纹。

3. 螺纹的分类

螺纹按其用途可分为联接螺纹和传动螺纹两大类。

联接螺纹起联接作用，用于将两个或多个零件联接起来；传动螺纹用于传递运动和动力。

联接螺纹有普通螺纹和管螺纹；传动螺纹有梯形螺纹和锯齿形螺纹等。

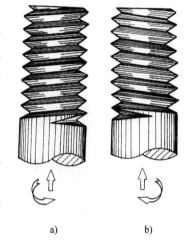

a)   b)

图 8-5　螺纹的旋向
a）右螺纹　b）左螺纹

4. 螺纹的规定画法（GB/T 4459.1—1995）

（1）外螺纹的画法

如图 8-6 所示，在投影为非圆的视图上，外螺纹的大径画成粗实线，小径画成细实线。小径的尺寸可在附录有关表中查到，实际绘图时小径通常画成大径的 0.85 倍，螺纹终止线用粗实线绘制。在投影为圆的视图上，用粗实线画螺纹的大径，用 3/4 圈圆弧的细实线画小径，倒角圆省略不画。图 8-6a 表示外螺纹不剖时的画法，图 8-6b 表示外螺纹剖切时的画法。

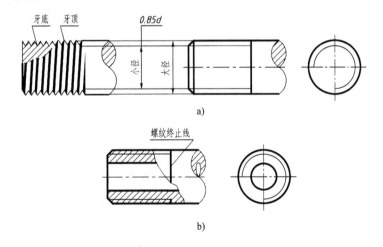

a)

b)

图 8-6　外螺纹的画法
a）外螺纹不剖时的画法　b）外螺纹剖切时的画法

（2）内螺纹的画法

如图 8-7 所示，在投影为非圆的视图上，小径用粗实线画出，大径用细实线画出。螺纹的终止线用粗实线绘制，剖面线画到牙顶的粗实线处。如果不剖，螺纹都画成虚线，如图 8-8 所示。在投影为圆的视图上，小径画成粗实线，大径画 3/4 圈圆弧的细实线，倒角圆省略不画。对于不穿通的螺孔（也称盲孔），钻孔深度与螺孔深度的差值一般画 0.5d，钻孔孔底的顶角应画成 120°。

（3）螺纹联接的画法

内、外螺纹联接一般以剖视表示，其旋合部分应按外螺纹画法绘制，其余部分仍按各自的画法表示，如图 8-9 所示。画图时应注意内外螺纹的大小径分别对齐。

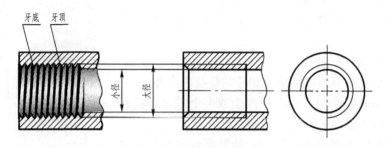

图 8-7　内螺纹的画法

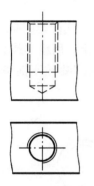

图 8-8　不可见螺纹的画法

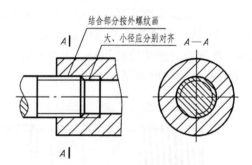

图 8-9　螺纹的联接画法

5. 螺纹的标注（GB/T 197—2003、GB/T 5796.4—2005 等）

螺纹采用规定画法后，图形反映不出螺纹的各个要素，因此，国家标准给出了螺纹标注的代号。无论是标注内螺纹还是外螺纹，尺寸界线或指引线均应从螺纹的大径引出。

普通螺纹的完整标记内容为：

螺纹特征代号　尺寸代号 – 公差带代号 – 旋合长度代号 – 旋向代号

常用标准螺纹的标注示例见表 8-2。

表 8-2　标准螺纹标注示例

螺纹类别		牙型符号	标注示例	说　明
普通螺纹		M	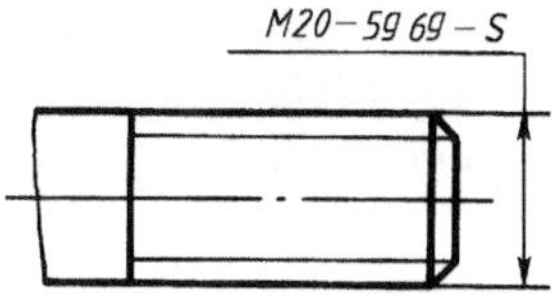 M20-5g 6g-S	粗牙普通螺纹，大径20mm，螺距从标准中查得为2.5mm，右旋；螺纹公差带代号中径为5g，顶径为6g；短旋合长度
			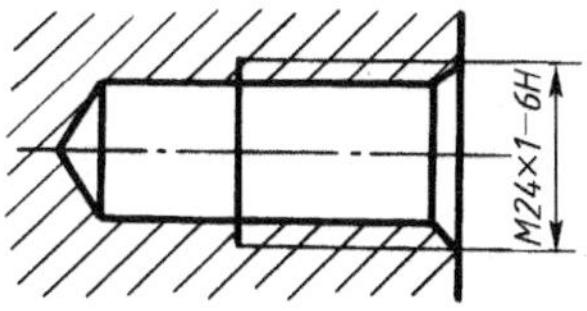 M24×1-6H	细牙普通螺纹，大径24mm，螺距为1mm，右旋；螺纹中径和顶径公差带代号均为6H；中等旋合长度
55°非密封管螺纹		G	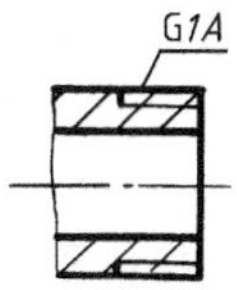 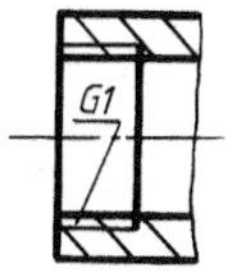 G1A　　G1	尺寸代号为1的非螺纹密封的圆柱管螺纹，外螺纹的中径公差带有A、B两个等级应在图上标记，而内螺纹则不标记 从标准中查得，螺纹大径为33.25mm，螺距为每英寸11牙
55°密封管螺纹	圆柱内螺纹	Rp	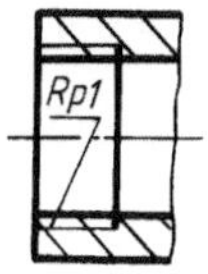 Rp1	尺寸代号为1的圆柱内管螺纹，它和圆锥外螺纹联接，具有一定的密封能力
	圆锥螺纹	R₂（外螺纹）Rc（内螺纹）	Rc1/2　　R₂1/2	尺寸代号为1/2的圆锥管螺纹，联接后具有一定的密封能力
梯形螺纹		Tr	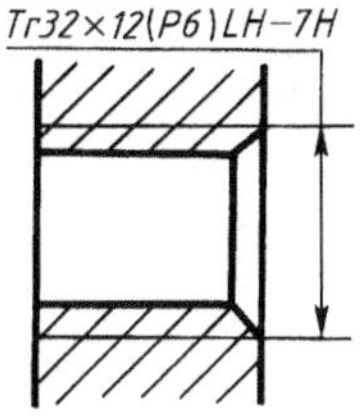 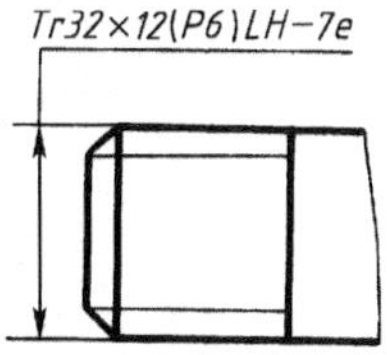 Tr32×12(P6)LH-7H　Tr32×12(P6)LH-7e	双线梯形螺纹，大径32mm，导程12mm，螺距6mm，左旋；螺纹中径公差带代号为7H（7e）；旋合长度为中等
锯齿形螺纹		B	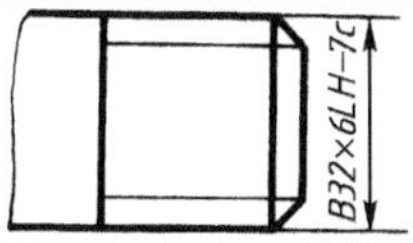 B32×6LH-7c	锯齿形螺纹，大径为32mm，单线，螺距6mm，左旋，中等旋合长度公差带代号为7c

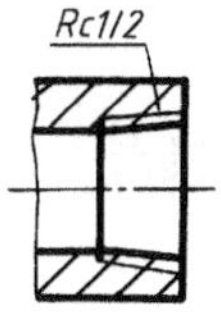

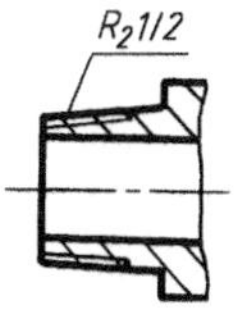

（1）螺纹特征代号和尺寸代号

螺纹特征代号　见表8-2中"牙型符号"

螺纹尺寸代号　公称直径×导程（P螺距）

1）粗牙普通螺纹和管螺纹的螺距省略标注，因为它们相对于一个公称直径，只有一个确定的螺距值。

2）当梯形螺纹为左旋螺纹时，在尺寸代号后面加注"LH"。右旋省略不注。

3）管螺纹的公称直径并非螺纹的大径，而是指管子的通径。因此，管螺纹标注时，必须用引出线从大径引出标注。

（2）螺纹公差带代号

螺纹公差带代号是由公差等级数字和基本偏差字母组成，表示螺纹的加工精度要求，内螺纹用大写字母，外螺纹用小写字母，普通螺纹公差带代号包括中径和顶径的公差带代号。梯形螺纹的公差代号仅包括中径公差代号。有关公差等级和基本偏差的概念，将在第9章9.5节中介绍。

（3）螺纹旋合长度代号

普通螺纹旋合长度分为长、中、短三个等级，分别用 L、N、S 表示。梯形螺纹旋合长度分为长、中两个等级，分别用 L、N 表示。该代号表示保证螺纹精度的长短，中等旋合长度 N 不用标注。

标注特殊螺纹时，必须在牙型符号前加注"特"字，并标出大径和螺距，如图 8-10 所示。标注非标准螺纹时，必须画出牙型并标注全部尺寸，如图 8-11 所示。

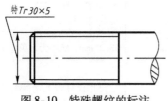

图 8-10　特殊螺纹的标注

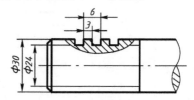

图 8-11　非标准螺纹的标注

8.1.2　常见的螺纹紧固件联接

1. 常见的螺纹紧固件联接形式

由于螺纹紧固件拆装方便、联接可靠，所以在机器中得到了广泛应用，图 8-12 是常见的 3 种联接形式。

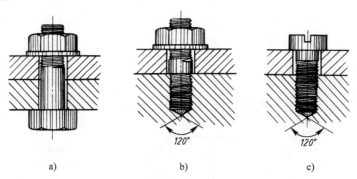

图 8-12　常见的 3 种螺纹紧固件联接形式
a）螺栓联接　b）双头螺柱联接　c）螺钉联接

常见的螺纹紧固件有螺栓、双头螺柱、螺钉、螺母和垫圈等。

（1）螺栓联接

如图 8-12a 所示，螺栓联接适用于两个不太厚零件之间的联接。在两个被联接的零件上钻通孔（孔径略大于螺栓直径），穿入螺栓，套上垫圈（改善零件之间的接触状况和保护零件表面），拧紧螺母即可将两个被联接零件联接在一起。

（2）双头螺柱联接

如图 8-12b 所示，当被联接件中有一个较厚，不宜用螺栓联接时可以采用双头螺柱联接。在不太厚的零件上钻通孔，在较厚的零件上加工出不通的螺孔。双头螺柱的两端都带有螺纹，其一端旋入较厚零件的螺孔中（该端称为旋入端，必须将螺纹全部旋入螺孔），另一端穿过不太厚零件的通孔（该端称为紧固端，用于紧固螺母），套上垫圈，拧紧螺母即可。可以看出双头螺柱的上半部分联接情况与螺栓联接相同。

双头螺柱联接在拆卸时，只需拆下紧固端的零件，不必拆卸螺柱，因而不易损伤螺孔。

（3）螺钉联接

如图8-12c所示，螺钉联接用于受力不大，不常拆卸处。其联接情况与螺柱联接相似。在不太厚的零件上钻通孔，在较厚的零件上加工出不通的螺孔。将螺钉穿过通孔旋入螺孔内，直接用螺钉压紧被联接零件。为了保证螺钉头能压紧被联接件，螺钉的螺纹部分应有足够的长度。

拆卸螺钉时，需将螺钉旋出，易损伤螺纹，故螺钉联接不宜过频地拆卸。

2. 螺纹紧固件的标记

螺纹紧固件的标记形式为：

紧固件名称　国家标准编号　规格尺寸

例如：螺栓　GB/T 5782—2000　M12×100

查书后附录可知，它表示该紧固件是 A 级六角头螺栓，螺纹规格 $d = \mathrm{M}12$，公称长度为100mm。

3. 螺纹紧固件联接的画法

螺纹紧固件的各部分尺寸可以从国家标准中查得，只有在加工紧固件时才按照真实尺寸绘制。在画装配图时，一般是按照与螺纹大径成一定比例的方法来确定紧固件各部分的尺寸。通常省略倒角和六角头的相贯线，称为螺纹紧固件联接的简化画法，如图8-13所示。

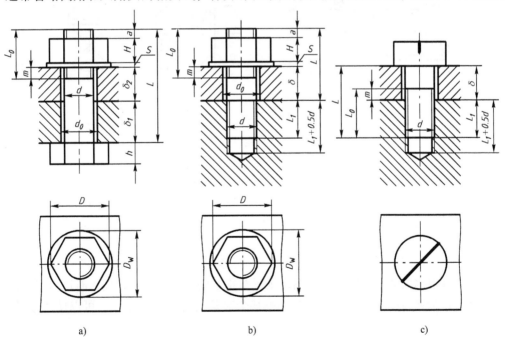

a)　　　　　　　　　b)　　　　　　　　　c)

图8-13　螺纹紧固件联接的简化画法

a）螺栓联接的简化画法　b）双头螺栓联接的简化画法　c）螺钉联接的简化画法

图 8-13 中，$d_0 = 1.1d$，$h = 0.7d$，$H = 0.8d$，$D = 2d$，$D_W = 2.2d$，$S = 0.15d$，$a = 0.3d$，$L_0 = (1.5 \sim 2)\, d$，$m \geqslant 0.3d$。

（1）螺纹紧固件联接画法的有关规定

1）两零件的接触面只画一条公共轮廓线，不得特意加粗；非接触面应画两条线，以表示有间隙。

2）两相邻金属零件的剖面线倾斜方向应相反。

3）当剖切平面通过螺纹联接件的轴线时，标准件按不剖绘制。

4）螺钉头部的螺钉槽画成加粗的粗实线，且与水平成45°角。

（2）旋入长度 L_1 的确定

双头螺柱、螺钉旋入被联接零件的长度 L_1 与被联接零件的材料有关。对于钢或青铜，$L_1 = d$；对于铸铁，$L_1 = 1.25d$ 或 $L_1 = 1.5d$；对于铝，$L_1 = 2d$。

在双头螺柱联接中，旋入端的螺纹终止线应与螺孔的端面线相平齐。

在螺钉联接中，螺钉螺纹终止线必须高于两个被联接零件的接触面。

不通的螺孔可以不画出钻孔的深度，如图 8-13b、c 所示。

（3）紧定螺钉的画法

紧定螺钉起固定两个零件位置的作用，如图 8-14 所示，螺钉钉尾90°角锥端与轴上90°角的锥坑相压紧。

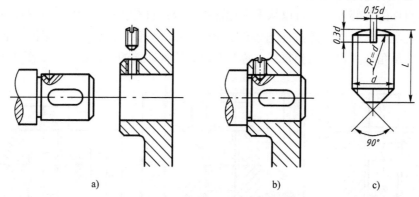

图 8-14　锥端紧定螺钉联接的画法

a）联接前　b）联接后　c）紧定螺钉

（4）使用 AutoCAD 绘制螺纹紧固件

在机械制图中，经常会遇到重复出现的螺纹紧固件，如果每次都重新绘制这些图形，则会浪费很多时间进行重复劳动，工作效率低，且占据大量的磁盘空间。为此，AutoCAD 提出了图块的概念。

图块是由一组图形对象组成的集合。一组图形一旦被定义为图块，将成为一个图形元素。用户可以根据需要把图块插入到图形中任意指定的位置，而且在插入时还可以指定不同的缩放比例和旋转角度。如果需要对图块中某个对象进行编辑、修改，可以使用 EXPLODE 命令把图块分解。

利用图块功能可以提高绘图速度，节省磁盘空间，组成图块的图形越复杂、插入的次数越多，则图块的优越性越明显。

1）定义块。块的定义有两种模式，一种为 BLOCK（创建块）模式，另一种为 WBLOCK（写块）模式。用 BLOCK 模式定义的块保存在其所属的图形当中，只能在该图形中插入，而不能插入到其他图形中。用 WBLOCK 模式定义的块以图形文件的形式（扩展名为 DWG）写入磁盘，可以在任意图形中用 INSERT 命令插入。WBLOCK 模式的使用更为广泛，下面仅介绍使用该模式定义块的方法。在命令行中输入 WBLOCK 命令并按 < En­ter > 键，则系统弹出如图 8-15 所示的"写块"对话框，使用该对话框可以定义图块并为之命名。其各主要选项的含义如下。

图 8-15　"写块"对话框

① "对象"（Objects）选项组：确定构成图块的图形对象以及块定义之后如何处理选择的图形对象。

"选择对象"（Select）按钮　单击此按钮，系统将临时切换到作图屏幕，同时光标变为拾取框，选择要定义为块的图形对象，然后按 < Enter > 键，返回到"写块"对话框。

② "基点"（Base Point）选项组：选择块的插入基准点。

"拾取点"（Pick）按钮　单击此按钮，系统将临时切换到作图屏幕，在图形上选择一点作为插入基准点，然后按 < Enter > 键，返回到"写块"对话框。

③ "目标"（Destination）选项组：选择保存块的路径和文件名。

● "文件名和路径"（File name）选项：指定文件名和保存块或对象的路径。

● ┅ 按钮：显示标准文件选择对话框，选择保存块的路径。

单击"写块"对话框上的"确定"按钮，所定义的图块被保存。

2）插入块。用块插入的命令 INSERT（插入）可以将定义好的块插入到图形中。选择下拉菜单"插入（Insert）"→"块（Block）"命令，系统将弹出如图 8-16 所示的"插入"对话框，其各主要选项的含义如下。

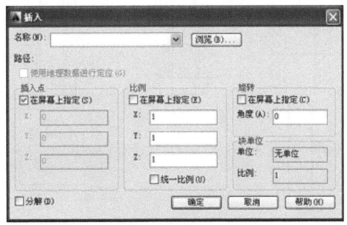

图 8-16　"插入"对话框

①"名称"（Name）文本框：输入要插入的图块或图形的名字。

②"浏览"（Browse）按钮：单击此按钮，AutoCAD 将弹出如图 8-17 所示的"选择图形文件"对话框，可以从中选择图块或图形文件名。

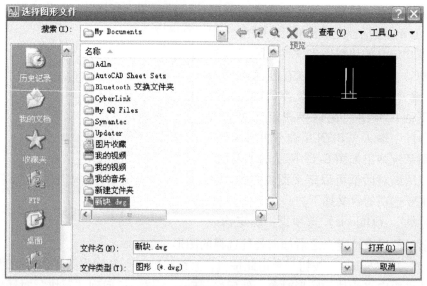

图 8-17　"选择图形文件"对话框

③"插入点"（Insertion Point）选项组：选择块的插入点。选中"在屏幕上指定"（Specify On – screen）复选框，单击"确定"按钮时系统切换到作图屏幕，可在当前图形上选择一点作为插入点。

④"比例"（Scale）选项组：确定块插入时在 X、Y 和 Z 方向上的缩放比例因子。

⑤"旋转"（Rotation）选项组：确定块插入时绕插入点的旋转角度。

3）修改块。块是一个整体，用 INSERT 插入后，一般还需要对块进行修改，此时需要用 EXPLODE（分解）命令将块分解。

4）应用举例。用插入块的方法绘制螺栓联接的简化画法（图 8-18）。

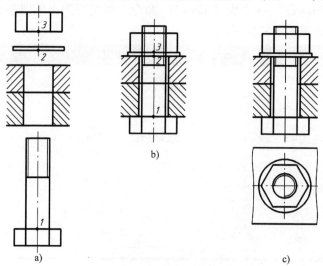

图 8-18　块插入法绘制螺栓联接的简化画法

① 绘制螺纹紧固件及被联接件。画出螺栓、螺母、垫片及被联接的两个零件（剖视表达），如图 8-18a 所示。

② 用 WBLOCK 命令把螺栓、螺母和垫圈定义成块。在命令行中输入 WBLOCK 并按 <Enter> 键，系统将弹出如图 8-15 所示的"写块"对话框；单击"选择对象"按钮，系统将临时切换到作图屏幕，拾取螺栓，然后按 <Enter> 键，回到如图 8-15 所示的"写块"对话框；单击"拾取点"按钮，则系统又临时切换到作图屏幕，选择图 8-18a 中的"1"点作为螺栓图块的插入基准点，然后按 <Enter> 键，回到如图 8-15 所示的"写块"对话框，在"文件名和路径"选项中输入图块名"BOLT"，单击▭▭按钮设置保存路径，单击"确定"按钮，则螺栓被定义成名称为"BOLT"的图块。用同样的方法可以将螺母和垫圈定义成块。

③ 用 INSERT 命令插入螺栓、螺母和垫圈。选择下拉菜单"插入"→"块"命令，系统将弹出如图 8-16 所示的"插入"对话框，单击"浏览"按钮弹出如图 8-17 所示的"选择图形文件"对话框，按照事先保存的路径选择文件名为"BOLT"的图块，单击"打开"按钮，回到如图 8-16 所示的"插入"对话框（对于不同规格的联接件，可以调整"比例"选项组中的 X、Y、Z 的比例），单击"确定"按钮进入到作图屏幕，拖动螺栓插入到如图 8-18b 所示"1"处，则完成螺栓块的插入。同样可以将垫圈、螺母分别插入到图 8-18b 中的"2"和"3"处。

④ 整理图形，绘制俯视图。用 EXPLODE 命令将图 8-18b 中的所有图块分解，用 TRIME 命令修剪多余的图线，然后绘制俯视图，如图 8-18c 所示。

8.2　键、销

键、销是用于联接及定位的常用标准件。

8.2.1　键及其联接

键用于联接轴和轴上的传动件（如带轮、齿轮等），保证两者同步旋转以传递转矩和旋转运动，如图 8-19 所示。

键是标准件，有多种型式，常用的是普通平键，如图 8-20 所示。

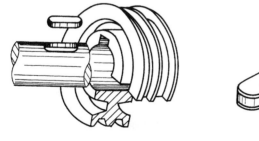

图 8-19　键联接

A型

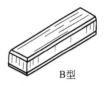
B型

图 8-20　普通平键

键的标记形式是：

国家标准代号　键　宽度×高度×长度

例如：GB/T 1096—2003 键 16×10×100

表示键宽 b = 16mm，键高 h = 10mm，键长 L = 100mm，国家标准代号为 GB/T 1096—2003。

轴上键槽的尺寸标注如图 8-21a 所示；轮毂上键槽尺寸的标注如图 8-21b 所示。

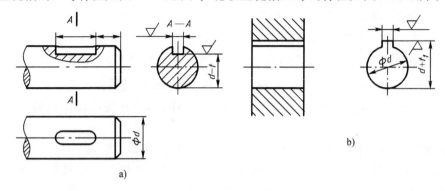

图 8-21　键槽尺寸的标注

普通平键联接的画法如图 8-22 所示，轴在键槽处作局部剖视，而键不剖。普通平键的两个侧面为工作面，顶面为非工作面，键的顶面和轮毂上键槽的底面有间隙。

8.2.2　销及其联接

销一般用于零件间的联接和定位。开口销用来锁紧螺母。表 8-3 列出了常用销的形式和标记示例。

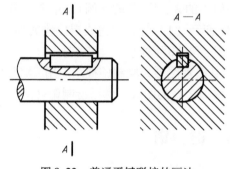

图 8-22　普通平键联接的画法

表 8-3　销的形式和标记示例

名称	简　图	标记示例
圆柱销	$\phi16$　70	销　GB/T 119.1—2000　16m6×70 表示公称直径为 16mm，公差为 m6，长度为 70mm 的圆柱销
圆锥销	1:50　0.8　$\phi16$　70	销　GB/T 117—2000　16×70 表示公称直径为 16mm，长度为 70mm 的 A 型圆锥销
开口销	50　ϕd	销　GB/T 91—2000　8×50 表示公称规格（即销孔直径）为 8mm，长度为 50mm 的开口销

销孔一般在装配时加工，通常是对两个被联接件一同钻孔和铰孔，以保证相对位置的准确性，这个要求应在零件图上注明，如图 8-23 所示。销的联接画法如图 8-24 所示。

138

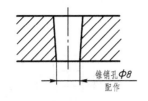

图 8-23　锥销孔的尺寸标注

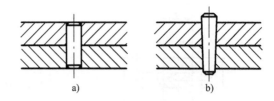

图 8-24　销联接的画法

8.3　滚动轴承

滚动轴承是用来支撑轴的标准部件,具有摩擦阻力小、效率高、结构紧凑、维护简单等优点,因而在机器中被广泛使用。它的形式和规格很多,可查阅国家标准。

图 8-25 所示为两种常见的向心轴承的结构形式。在一般情况下,内圈装在轴上并随轴一起转动,外圈装在机体上固定不动。

滚动轴承按其工作时承受载荷情况不同分为 3 类:

向心轴承——主要承受径向载荷;

推力轴承——只承受轴向载荷;

向心推力轴承——同时承受径向和轴向载荷。

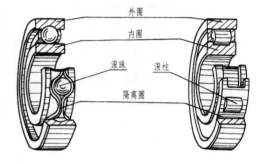

图 8-25　滚动轴承的结构

8.3.1　滚动轴承的画法

滚动轴承是标准部件,国家标准给出了 3 种画法,即规定画法、特征画法和通用画法,如图 8-26 所示。绘图时,根据给定的轴承代号,从国家标准中查出外径 D、内径 d、宽度 B 三个主要尺寸。

8.3.2　滚动轴承的代号和标记

1. 滚动轴承的代号和标记

滚动轴承的代号由前置代号、基本代号和后置代号组成。前置代号和后置代号是轴承在结构形状、尺寸、公差和技术要求等有改变时,在其基本代号前、后添加的补充代号。

滚动轴承的基本代号由轴承类型代号、尺寸系列代号和内径代号组成。基本代号最左边的一位数字(或字母)为轴承类型代号,接着是尺寸系列代号,它由宽度和直径系列代号组成,最右边的两位数是内径代号。如滚动轴承 6218 表示:

6——类型代号,表示深沟球轴承。

2——尺寸系列代号"02""0"为宽度系列代号,按规定省略未写,"2"为直径系列代号。

18——内径代号,表示该轴承的内径为 $18 \times 5 = 90mm$。

2. 滚动轴承的标记

滚动轴承的标记由轴承名称、轴承代号和标准编号 3 部分组成。

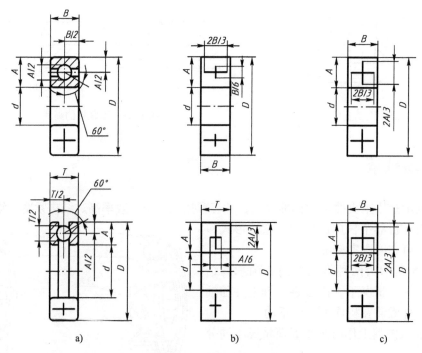

图 8-26　滚动轴承的画法

a）规定画法　b）特征画法　c）通用画法

例如：滚动轴承　6218　GB/T 276—2013

8.4　齿轮

齿轮是常用件，在机器中用来传递运动或动力，并能改变转速和旋转方向。

常用齿轮的传动形式有圆柱齿轮、锥齿轮、蜗轮和蜗杆等，如图 8-27 所示。

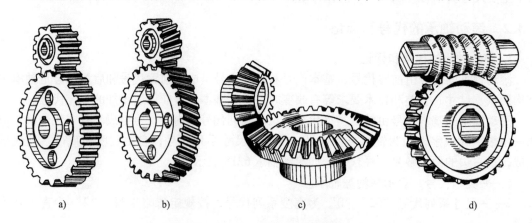

图 8-27　常用齿轮的传动形式

a）直齿圆柱齿轮　b）斜齿圆柱齿轮　c）直齿锥齿轮　d）蜗轮蜗杆

圆柱齿轮用于两平行轴间的传动；圆锥齿轮用于两相交轴间的传动，一般情况下两轴相交成直角；蜗轮和蜗杆用于垂直交错两轴之间的传动。

圆柱齿轮有直齿、斜齿和人字齿。锥齿轮有直齿和曲线齿等。

常见的齿形曲线有渐开线和摆线等。渐开线齿廓易于制造、便于安装，因而使用较为广泛。

齿轮分为标准齿轮和非标准齿轮，本节仅介绍渐开线标准直齿圆柱齿轮的基本知识和规定画法。

8.4.1 标准直齿圆柱齿轮各部分的名称、主要参数和尺寸关系

图 8-28 为一对啮合的标准直齿圆柱齿轮各部分名称和尺寸关系。

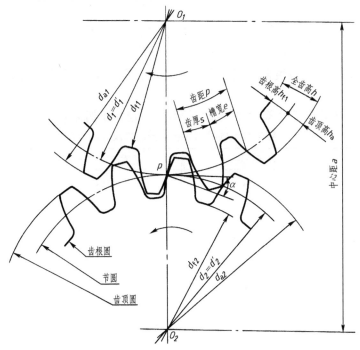

图 8-28 标准直齿圆柱齿轮各部分名称和尺寸关系

1. 节圆和分度圆

O_1、O_2 分别为两啮合齿轮的圆心，两齿轮的齿廓在 O_1O_2 连线上的啮合接触点为 P。以 O_1、O_2 为圆心，O_1P、O_2P 为半径分别作圆，齿轮传动可以假想是这两个圆作无滑动的纯滚动，这两个圆称为节圆，其直径以 d' 表示。

对单个齿轮来说，设计、制造时计算尺寸和作为分齿依据的圆称为分度圆，其直径以 d 表示。

一对正确安装的标准齿轮，其分度圆是相切的，即分度圆与节圆重合，两圆直径相等，即 $d = d'$。

2. 齿距 p 和模数 m

分度圆上相邻两齿对应点之间的弧长，称为分度圆齿距，以 p 表示。两啮合齿轮的齿距应相等。每个轮齿齿廓在分度圆上的弧长，称为齿厚，以 s 表示。相邻轮齿之间的齿槽在分度圆上的弧长，称为齿槽宽，以 e 表示。在标准齿轮中，齿厚与槽宽各为齿距的一半，即 $s = e = p/2$。

以 z 表示齿轮的齿数，则分度圆周长 $\pi d = zp$，即 $d = \dfrac{p}{\pi}z$，令 $\dfrac{p}{\pi} = m$，则 m 称为齿轮的模数。因为式中 π 是常数，所以模数 m 反映了齿距 p 的大小，而齿距 p 则决定了轮齿的大小。

模数是设计和制造齿轮的一个重要参数，已经标准化，见表 8-4。

表 8-4　齿轮标准模数系列（GB/T 1357—2008）

第一系列	1　1.25　1.5　2　2.5　3　4　5　6　8　10　12　16　20　25　32　40　50
第二系列	0.9　1.75　2.25　2.75　（3.25）　3.5　（3.75）　4.5　5.5　（6.5）　7　9　（11）　14　18　22　28　36　45

注：选用模数时，应优先采用第一系列，括号内的值尽可能不用。

3. 齿顶圆 d_a、齿根圆 d_f、齿顶高 h_a、齿根高 h_f、全齿高 h

通过齿顶、齿根所作的圆分别为齿顶圆和齿根圆，它们的直径分别用 d_a、d_f 表示。齿顶圆与分度圆、齿根圆与分度圆、齿顶圆与齿根圆之间的径向距离，分别称为齿顶高 h_a、齿根高 h_f 和全齿高 h。

标准直齿圆柱齿轮各部分基本尺寸都与模数成一定的比例关系，见表 8-5。

表 8-5　标准直齿圆柱齿轮各部分基本尺寸的计算公式

名称符号	计算公式	名称符号	计算公式
分度圆直径 d	$d = mz$	齿根圆直径 d_f	$d_f = d - 2h_f = m\,(z - 2.5)$
齿顶高 h_a	$h_a = m$	齿距 p	$p = \pi m$
齿根高 h_f	$h_f = 1.25m$	中心距 a	$a = \dfrac{1}{2}\,(d_1 + d_2)$
全齿高 h	$h = h_a + h_f = 2.25m$		$= \dfrac{1}{2}m\,(z_1 + z_2)$
齿顶圆直径 d_a	$d_a = d + 2h_a = m\,(z + 2)$	压力角 α	$\alpha = 20°$

8.4.2　圆柱齿轮的画法

GB/T 4459.2—2003 规定了齿轮的画法，齿轮的轮齿部分按以下规定绘制：

1) 齿顶圆及齿顶线用粗实线绘制。

2) 分度圆、分度圆的转向线及啮合齿轮的节圆、节线用点画线绘制。

3) 齿根圆及齿根线用细实线绘制或者省略不画，在剖视图上用粗实线绘制。

1. 单个圆柱齿轮的画法

单个圆柱齿轮的画法如图 8-29 所示。一般用两个视图来表示齿轮的结构形状：一个为轴线垂直于投影面的视图，如图 8-29a 所示；另一个为轴线平行于投影面的视图，一般情况下采用剖视表达（此时剖切平面通过齿轮轴线，规定轮齿部分按不剖处理，齿根线应画成粗实线），如图 8-29b 所示，也可以采用外形视图表示，如图 8-29c 所示。若为斜齿或人字齿圆柱齿轮，则应在视图中（未剖切部分）画出 3 条平行齿向的细实线（人字齿为 3 对相交的细实线）以表明轮齿的方向，如图 8-29d 和图 8-29e 所示。

图 8-30 是圆柱齿轮的零件图，图中的左视图采用了局部视图的简化表示法。该图除具有一般零件图内容之外，还要在图纸右上角的参数表中注出模数、齿数和齿形角等基本

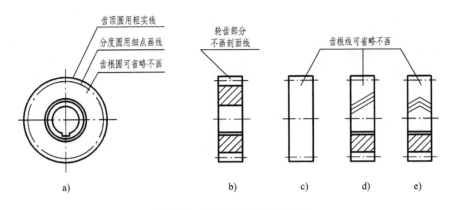

图 8-29　单个圆柱齿轮的画法

参数。

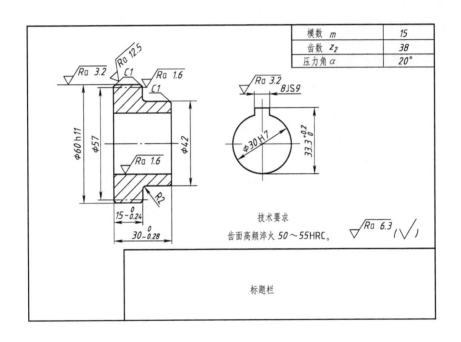

模数 m	15
齿数 z_2	38
压力角 α	20°

技术要求
齿面高频淬火 50～55HRC。

标题栏

图 8-30　圆柱齿轮零件图

2. 相啮合圆柱齿轮的画法

在齿轮轴线垂直于投影面的视图中，啮合区内的齿顶圆均用粗实线绘制，如图 8-31a 所示，也可省略不画，如图 8-31d 所示。

在齿轮轴线平行于投影面的视图中，啮合区内有五条线，如图 8-31b 所示：节线（两轮节线重合）仍用细点画线绘制，两轮的齿顶线，用粗实线绘制，其中一个轮的齿顶为可见，则另一个齿轮的齿顶被遮住，画成虚线（也可省略不画）。若为不剖的外形视图，则啮合部分的节线重合而画成粗实线，如图 8-31c 所示。

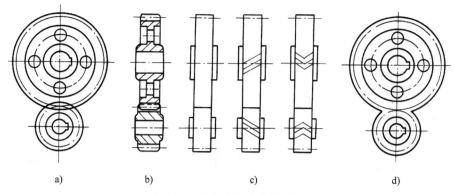

图 8-31 圆柱齿轮的啮合画法

8.5 弹簧

弹簧是一种常用件，可用来减振、夹紧、储存能量、调节压力和测力等。它的种类很多，应用最广的是圆柱螺旋压缩弹簧。下面介绍它的有关知识和画法。

8.5.1 螺旋弹簧的有关名称

图 8-32 为圆柱螺旋压缩弹簧的轴测图、视图和剖视图。

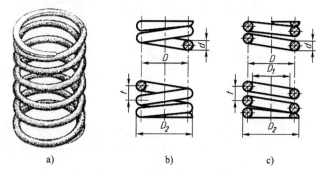

图 8-32 圆柱螺旋压缩弹簧

1）弹簧材料直径 d。

2）弹簧外径（弹簧的最大直径）D_2、内径（弹簧的最小直径）D_1 和中径（弹簧的平均直径）D。

$$D_1 = D_2 - 2d; \qquad D = (D_2 + D_1)/2 = D_2 - d = D_1 + d$$

3）有效圈数 n：保证弹簧能承受工作载荷，计算弹簧刚度的圈数。

支撑圈数 N_z：为使螺旋压缩弹簧受力均匀，保证中心线垂直于支撑面，弹簧两端常常并紧且磨平，起支撑作用。支撑圈数一般为 1.5、2、2.5 圈 3 种，常用的是 2.5 圈。

总圈数 n_1：有效圈数与支撑圈数之和。

4）节距 t：相邻两有效圈上对应点的轴向距离。

5）自由高度 H_0：在没有外力时的弹簧高度，$H_0 = nt + (N_z - 0.5)d$。

6）展开长度 L：制造弹簧时，所需弹簧材料的长度，$L \approx n_1 \sqrt{(\pi D)^2 + t^2}$。

8.5.2 圆柱螺旋压缩弹簧的画法

1. 弹簧的规定画法（GB/T 4459.4—2003）

1）在平行于螺旋弹簧轴线的投影面视图中，其各圈的轮廓应画成直线，如图8-32所示。

2）表示有效圈数在4圈以上的螺旋弹簧时，中间部分可以省略，并且允许适当地缩短图形的长度。

3）螺旋压缩弹簧不论其支撑圈数多少和末端贴紧情况如何，均可按支撑圈数为2.5圈的弹簧绘制，如图8-32所示。必要时也可按照支撑圈的实际结构绘制。

4）螺旋弹簧均可画成右旋，对必须保证的旋向要求应在"技术要求"中注明。

2. 单个弹簧的画法

当已知弹簧材料直径 d、弹簧外径 D、节距 t 和自由高度 H_0 时，即可绘制弹簧的视图。图8-33为作图的步骤，该图是按照支撑圈数为2.5圈绘制的。

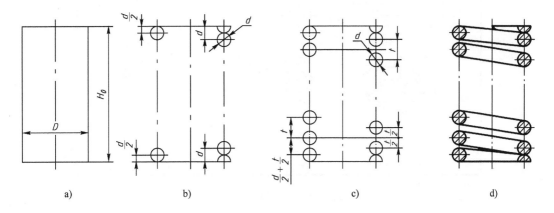

图8-33 圆柱螺旋压缩弹簧的绘图步骤

3. 弹簧在装配图中的画法

装配图中螺旋弹簧的画法如图8-34所示。被弹簧挡住的结构一般不画出，可见部分应从弹簧的外轮廓线或从钢丝剖面的中心线画起，如图8-34a所示。

当弹簧材料直径在图上等于或小于2mm时，其剖面可以涂黑，如图8-34b所示，或采用示意画法，如图8-34c所示。

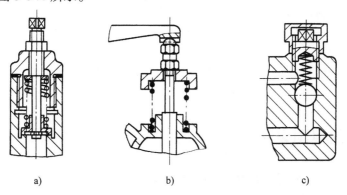

图8-34 装配图中螺旋弹簧的画法

第9章 零 件 图

用以表达机器零件并指导生产的图样，称为零件图。图9-1是一张主动轴的零件图。

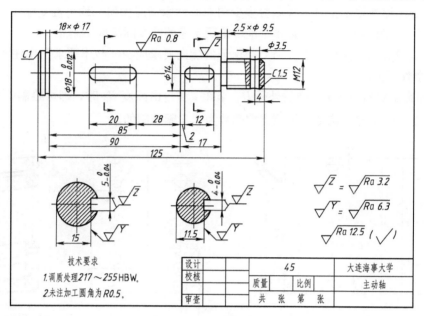

图 9-1 主动轴的零件图

9.1 零件图的内容

零件图用以指导零件的生产，是生产和检验零件的依据，应具有下列内容。

1）一组视图——综合应用视图、剖视图、断面图等各种表达方法，将零件的结构形状正确、完整、清晰地表达出来。

2）尺寸——正确、完整、清晰且合理地标注出确定零件结构形状的尺寸。

3）技术要求——表明零件在制造和检验时应达到的技术要求，如表面粗糙度、尺寸公差、几何公差、热处理、表面处理及其他要求。

4）标题栏——填写零件名称、数量、材料、图样比例、制图人和审核人的姓名、日期等内容。

9.2 零件图的视图表达

零件图的视图表达是零件图的最基本和最重要的内容之一，应在分析零件结构形状特点的基础上，选用适当的表达方法，完整、清晰地表达出零件各部分的结构形状。主视图的选择是视图表达的关键。

9.2.1　主视图的选择

主视图的选择，一是确定主视图的投射方向，二是确定它的安放位置，需要考虑以下原则。

（1）形体特征原则

应选择最能显示零件形体特征的方向作为主视图的投射方向，主视图应能较突出地反映出零件各组成部分的形状和相互位置关系。

（2）加工位置或工作位置原则

根据零件在金属切削机床上的主要加工位置或零件在机器中的工作位置来确定，这样便于零件加工时或分析零件在机器中工作情况时看图。

当零件的加工位置多变时，可根据其在机器中的工作位置确定。

应用上述原则选择主视图时，必须根据零件的结构特点、加工和工作情况作具体分析、比较。此外还应考虑有效地利用图纸幅面。

9.2.2　其他视图的选择

当零件的主视图选定后，再分析主视图中未表示清楚的结构形状，还需增加哪些视图，并考虑尺寸标注等要求，选择适当的其他视图、局部视图、剖视图和断面图等，将零件表达清楚。

零件的视图表达取决于零件的结构形状，最佳表达方案的选择需要合理而灵活地应用各种表达方法，使各视图都有明确的表达目的，它们能有机配合来完成零件的表达要求。

9.2.3　视图选择示例

图 9-1 所示的零件为轴套类零件，结构的主体由具有公共轴线的数段回转体组成，根据设计和工艺的要求，在零件表面上常带有键槽、退刀槽、砂轮越程槽、轴肩、倒角、圆角、销孔、螺纹及小平面等结构要素。

这类零件主要在车床和磨床上加工，所以主视图按加工位置选择。绘图时，将零件的轴线水平放置，便于加工时看图。

图 9-1 所示的轴只用了一个主视图，注上直径尺寸后，轴上各段圆柱体的形状就确定了。两个键槽放在轴线的正前方，可以反映它们的长度和宽度，其深度用两个移出断面来表示。轴上右端螺纹部分的销孔，用局部剖视绘出。

9.3　零件图的尺寸标注

零件图中的尺寸是制造零件的依据，因此，零件图的尺寸标注，除了要做到正确、完整、清晰外，还必须合理，即标注的尺寸，既要满足设计的要求，以保证机器的工作性能和质量，又要满足工艺要求，以便于加工制造和检测。

只要用形体分析法分析零件结构形状，结合所学的"组合体的尺寸注法"，并遵照国家标准机械制图尺寸注法的规则标注尺寸，就能满足尺寸标注正确、完整、清晰的要求。要真正做到合理地标注尺寸，还需要有一定的设计和制造工艺的专业知识和实际的生产经验，这里仅介绍有关的基本知识。

9.3.1　主要尺寸和非主要尺寸

主要尺寸包括零件的规格性能尺寸、有配合要求的尺寸、确定相对位置的尺寸、连接尺寸、安装尺寸等，一般都有公差要求。

零件上不直接影响其使用性能和安装精度的尺寸为非主要尺寸。非主要尺寸包括外形尺寸、无配合要求的尺寸、工艺要求的尺寸，如退刀槽、凸台、凹坑、倒角等，一般都不注公差。

9.3.2　尺寸基准

尺寸基准是指零件在机器中或在加工测量时，用来确定零件本身点、线、面位置所需的点、线、面。通常可分为设计基准和工艺基准两类。

设计基准是根据零件在机器中的作用和结构特点，为保证零件的设计要求而选定的基准。该基准用以确定零件在机器中的正确位置。

工艺基准是指零件在加工和测量过程中所依据的基准。

以设计基准标注尺寸，可以满足设计要求，便于保证零件在机器中的作用；以工艺基准标注尺寸，可以满足工艺要求，方便加工和测量。

在设计和制造过程中，应尽可能使设计基准和工艺基准重合。当出现矛盾时，一般应保证直接影响产品性能、装配精度及互换性的尺寸以设计基准注出，其他尺寸以工艺基准标注。

在标注尺寸时首先要在零件的长、宽、高3个方向至少各选一个基准，称为主要基准。为了加工和测量方便，有时还要增加一些辅助基准，用以间接确定零件上某些结构的相对位置和大小。但辅助基准和主要基准之间必须有一定的尺寸联系。

图9-2是前述主动轴在标注尺寸时，根据设计要求，在长、宽、高3个方向选择的主要基准和辅助基准的示意图。

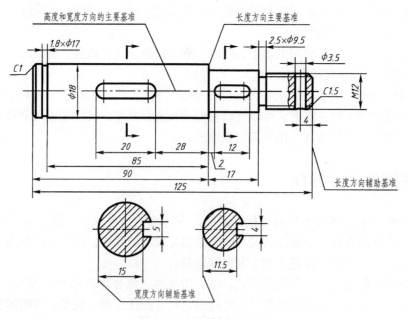

图9-2　主动轴的尺寸基准

9.3.3 尺寸数及尺寸排列形式

当零件的结构形状确定之后，所需要标注的尺寸数量也随之而定。从图9-3所示一销轴的尺寸排列形式可以看出，根据结构形状，只需要6个尺寸，即3个直径尺寸和3个长度尺寸。尺寸的排列形式是针对线性尺寸而言，可分为以下3类：

（1）坐标式

坐标式的尺寸排列形式是所有线性尺寸都从同一基准面注出，如图9-3a所示。其特点是每个线性尺寸的精度不受其他加工误差的影响。但是，从同一基准注出的两个线性尺寸之差的那段尺寸，其误差等于两线性尺寸加工误差之和。

因此，坐标式常用于各端面与一个基准面保持较高尺寸精度要求的情况。而当要求保证相邻两个几何要素间的尺寸精度时，则不宜采用坐标式。

（2）链接式

链接式尺寸排列形式为首尾依次连接注写成链条式，如图9-3b所示。这样前一尺寸的末端即为后一尺寸的基础。其优点是每个尺寸的精度只取决于本身的加工误差，而不受其他尺寸误差的影响。但总长的加工误差则是各段尺寸的加工误差总和。

因此，链接式尺寸注法，多用于对每一线性尺寸的加工精度要求高，而对各端面之间的位置精度和总长的精度要求不高的情况。在零件图中常用于孔的中心距及其定位尺寸。

（3）综合式

综合式的尺寸排列形式是坐标式与链接式的综合，如图9-3c所示。它兼有两种排列形式的优点，实际尺寸标注时用得最多。

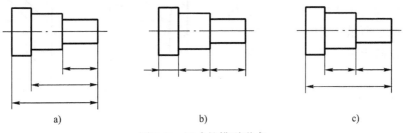

图9-3 尺寸的排列形式

a）坐标式　b）链接式　c）综合式

如图9-4所示，销轴的3段长度按链接式标注后，再加注一个总长尺寸，就形成一环接一环又首尾相接的封闭尺寸链。封闭尺寸链无法同时保证4个尺寸的精度，不能进行加工，因此，零件图上的尺寸不允许注成封闭尺寸链的形式。

为了保证每个尺寸的精度要求，通常对尺寸精度要求最低的一环空出不注，成为开口环。这样，各段尺寸的加工误差，最后都累计在开口环上。这种开口尺寸链的形式，即为综合式尺寸注法。

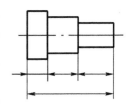

图9-4 封闭尺寸链

9.3.4 合理标注尺寸应注意的问题

1. 主要尺寸应直接从主要基准标注

零件上的主要尺寸，一般应从主要基准直接注出，以保证尺寸的合理精度，避免加工误差的积累。如图 9-2 主动轴的轴径尺寸 $\phi 18$，轴向尺寸 85、17 等。

2. 标注尺寸要符合加工顺序

按加工顺序标注尺寸，便于看图、测量，且容易保证加工精度。如图 9-5a 所示轴的加工顺序一般如图 9-5b ~ 图 9-5e 所示。其加工顺序如下。

1) 先下料，截取长度为 45 的棒料，车外圆 $\phi 12$。

2) 车 $\phi 8$，长度为 28。

3) 在离右端面 15 处车 $\phi 7$、宽为 2 的退刀槽。

4) 最后车螺纹和倒角。

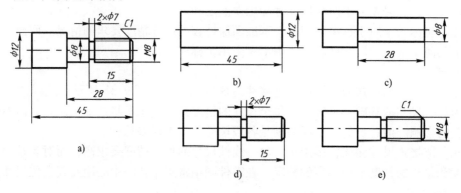

图 9-5　阶梯轴的尺寸标注与加工顺序

3. 尺寸标注要便于测量

图 9-6a 中的尺寸 "B" 不便测量，如果注成如图 9-6b 所示，则较好。

4. 同一方向上只能有一个非加工面（毛面）与加工面联系

在图 9-7a 中沿铸件的高度方向有 3 个非加工面 B、C 和 D，其中只有 B 面与加工面 A 有尺寸联系，这是合理的。

图 9-7b 的注法是错误的。因为 3 个非加工面 B、C 和 D 都与加工面 A 有联系，那么，在加工 A 面时，就很难同时保证 3 个联系尺寸的精度。

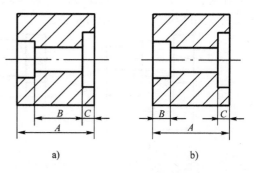

图 9-6　尺寸标注要便于测量
a) 不好　b) 好

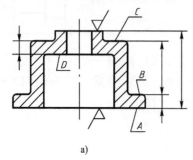
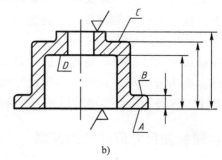

图 9-7　铸件毛面的尺寸标注
a) 合理　b) 不合理

150

9.4 零件上常见的工艺结构

零件的结构形状主要是根据它在机器中的作用设计的，但也有一些结构是考虑加工、测量、装配等制造过程的工艺要求而设计的，这类结构称为工艺结构。

9.4.1 铸件上常见的工艺结构

1. 起模斜度与铸造圆角

为了制造时便于将木模从砂型中取出，顺着起模方向在木模的内、外表面做出一定的斜度，称为起模斜度，如图9-8a所示。若斜度很小，在图上可不画出。但若斜度较大，则应画出（图9-8b）。

为了防止做砂型时落砂及铸造时金属冷却收缩而产生裂纹和缩孔，在铸造零件的转角处应有圆角，称为铸造圆角。若铸件转角处，有一表面经机械加工，则圆角消失而成尖角，如图9-8b所示。

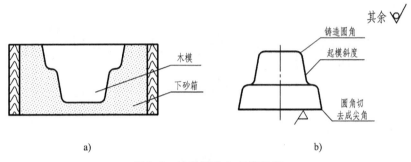

a)   b)

图9-8 铸造圆角和起模斜度

由于铸件上有铸造圆角存在，因而铸件表面上的相贯线就不明显了，称这样的相贯线为"过渡线"。过渡线应用细实线画出。过渡线的画法和相贯线一样，按没有圆角的情况下，画到理论交点为止。由于圆角的出现，在图上过渡线和圆角弧线间形成了间隙，如图9-9所示。

铸造圆角的尺寸可在技术要求中统一注明，如："未注铸造圆角 $R3 \sim R5$"，或"全部圆角为 $R3$"等。

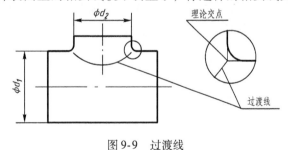

图9-9 过渡线

2. 铸件壁厚

为了防止铸件在浇注时，由于壁厚不均匀冷却速度不同而产生裂纹和缩孔，铸件的壁厚应尽量保持均匀，不同壁厚要逐渐过渡，如图9-10所示。

9.4.2 机械加工零件上常见的工艺结构

1. 倒角、圆角

为了便于装配和去掉切削加工时产生的毛刺锐边，在轴或孔的端部，一般都加工成倒

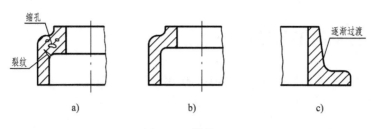

图 9-10　铸件壁厚

角。为了避免因应力集中而产生裂纹，常在轴肩、孔肩处加工成圆角，如图 9-11 所示。

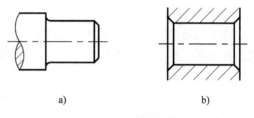

2. 退刀槽和砂轮越程槽

为了切削加工时退出刀具，或保证装配时相关零件能靠紧，常在零件待加工部位的末端预先加工出退刀槽和砂轮越程槽，如图 9-12 所示。

图 9-11　倒角和圆角

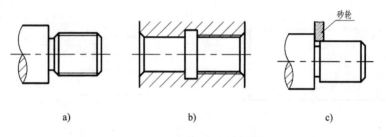

图 9-12　退刀槽和砂轮越程槽

3. 钻孔

由于钻头的锥角近似 120°，因此，钻孔如无特殊要求，则不通孔的孔端或阶梯孔的过渡处皆有 120°的锥角或截锥面，如图 9-13 所示。

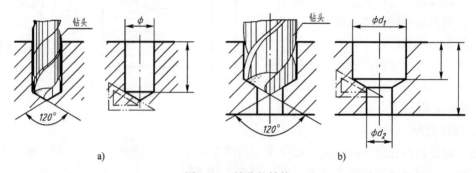

图 9-13　钻孔的结构

4. 凹坑和凸台

零件上凡与其他零件相接触的表面，一般都要进行切削加工，为了保证接触良好及降低加工成本，设计时应注意减少加工面积。如底面设计成如图 9-14 所示的形式是合理的。

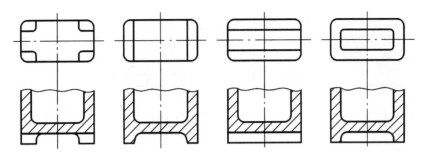

图 9-14　底面的结构形式

同理，在铸件上与螺栓、螺母相接触的表面也常设计出凸台或凹坑，然后对凸台或凹坑表面进行加工，这样以保证螺栓、螺母的良好接触，并减少加工面积，如图9-15所示。

5. 典型工艺结构的尺寸注法

零件上常见工艺结构的尺寸注法已经格式化，倒角、退刀槽及各种孔的尺寸注法见表9-1和表9-2。

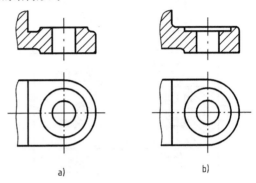

a)　　　　　　　b)

图 9-15　凸台和凹坑

表 9-1　倒角、退刀槽的尺寸标注

名称	尺寸标注方法	说　　明
倒角		45°倒角按"C 倒角宽度"注出。30°或60°倒角，应分别注出宽度和角度
退刀槽		一般按"槽宽×槽深"注出或"槽宽×直径"注出

表 9-2　常见孔的尺寸注法

名称	旁注法		普通注法	说　明
螺孔	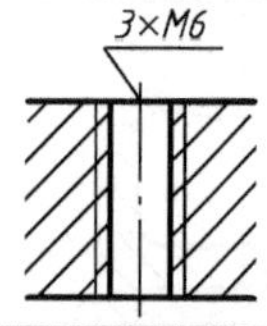 3×M6	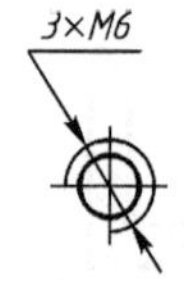 3×M6	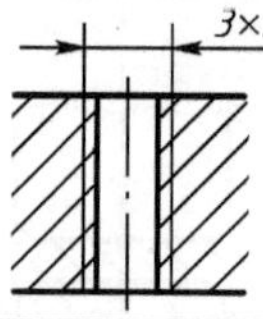 3×M6	3×M6 表示公称直径为 6mm，均匀分布的 3 个螺孔
	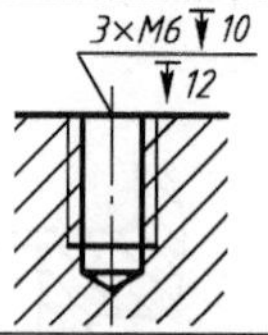 3×M6▼10 ▼12	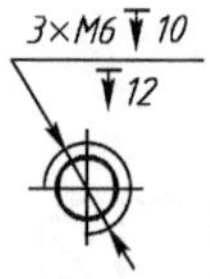 3×M6▼10 ▼12	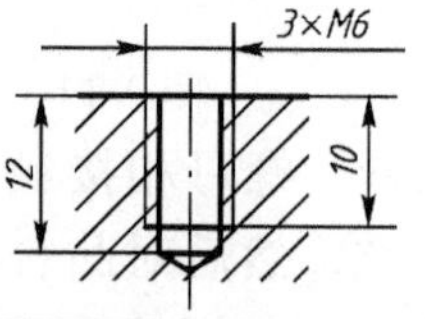 3×M6	▼为深度符号　3×M6▼10：表示螺孔深 10mm ▼12：表示钻孔深 12mm
	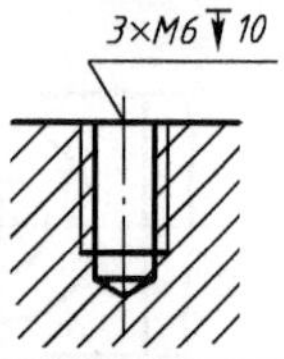 3×M6▼10	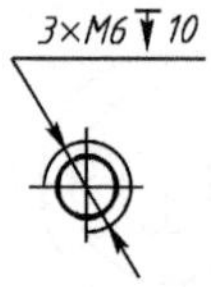 3×M6▼10	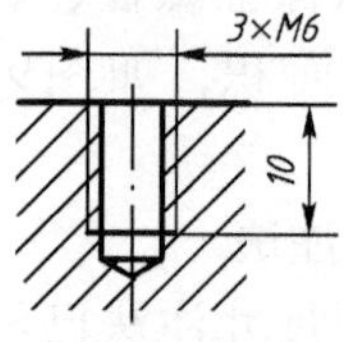 3×M6	如对钻孔深度无一定要求，可不必标注，一般加工到比螺孔稍深即可
光孔	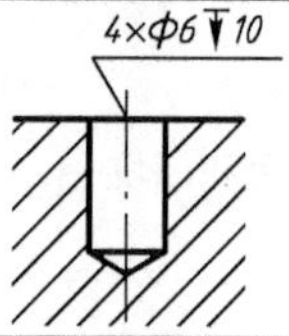 4×φ6▼10	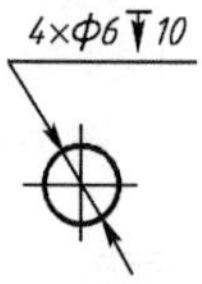 4×φ6▼10	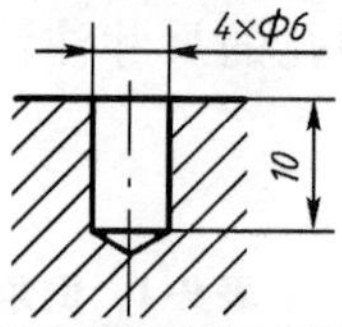 4×φ6	4×φ6 表示直径为 6mm，均匀分布的 4 个光孔
沉孔	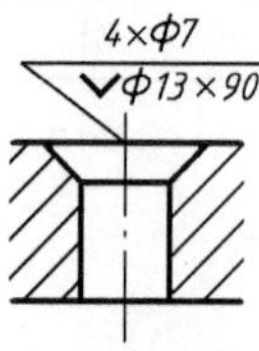 4×φ7 ∨φ13×90°	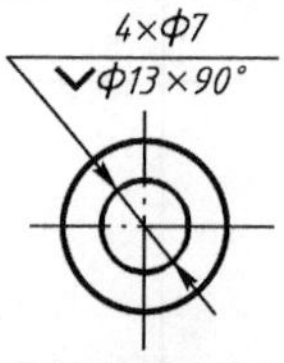 4×φ7 ∨φ13×90°	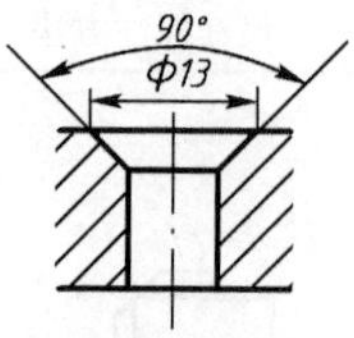 90° φ13	∨为埋头孔符号。锥形孔的直径 φ13mm 及锥角 90° 均需注出
	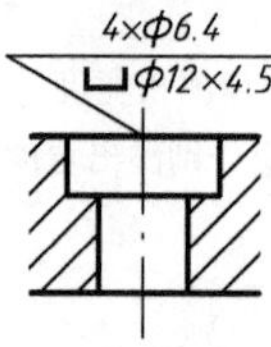 4×φ6.4 ⊔φ12×4.5	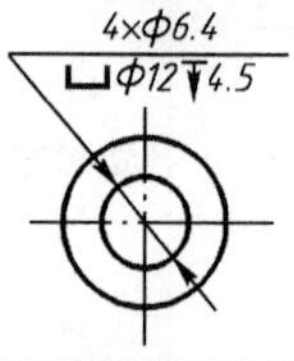 4×φ6.4 ⊔φ12▼4.5	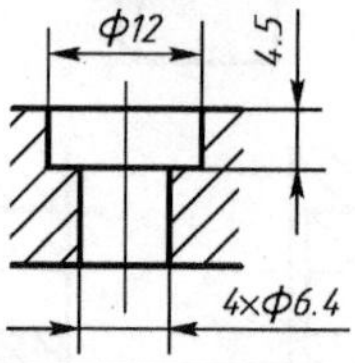 φ12　4.5 4×φ6.4	⊔为沉孔及锪平孔的符号
	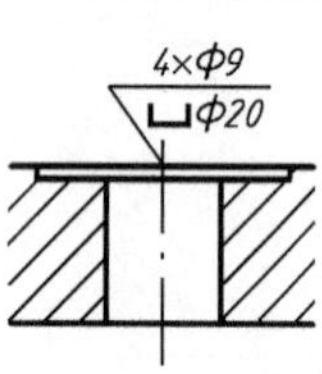 4×φ9 ⊔φ20	 4×φ9 ⊔φ20	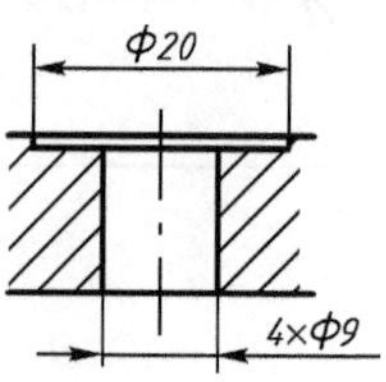 φ20 4×φ9	锪平 φ20mm 的深度不需标注，一般锪平到不出现毛坯面为止

9.5　零件图的技术要求

零件图上要注写技术要求，这是制造零件时应达到的质量要求，其内容包括表面粗糙度、尺寸公差、几何公差、材料的热处理、表面处理要求等。其中表面粗糙度、尺寸公差、几何公差，应按规定用数字、代号或符号注写在图上，其他则在图样的空白处用文字简要说明。

9.5.1 表面粗糙度

1. 表面粗糙度的概念

表面粗糙度是指加工表面上具有间距较小的峰谷所组成的微观几何形状特征，它是评定零件表面质量的一项重要指标。

由于零件表面在机器中所起的作用和情况不同，对表面粗糙度的要求不同，如零件的自由表面一般可比接触表面粗糙，而为保证零件的高尺寸精度及稳定的配合性质，则表面要光滑些，对需要耐腐蚀、耐疲劳的表面及装饰面都要求高些。

不同粗糙度的表面是用不同的加工方法得到的，加工成本也不同，所以在满足零件表面使用要求的条件下，应经济合理地选用表面粗糙度等级。

表面粗糙度评定参数有两个：轮廓算术平均偏差——Ra；轮廓最大高度——Rz。使用时优先选用 Ra。

轮廓算术平均偏差 Ra 是指在取样长度 l_r（用于判别具有表面粗糙度特征的一段基准线长度）内，被评定轮廓在任一位置至 X 轴的纵坐标值 $Z(x)$ 绝对值的算术平均值，如图9-16所示。

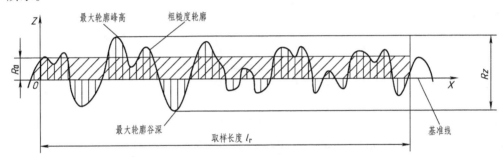

图 9-16　评定轮廓的轮廓算术平均偏差 Ra 和轮廓的最大高度 Rz

轮廓最大高度 Rz 是指在一个取样长度内最大轮廓峰高和最大轮廓谷深之和，如图9-16所示。

Ra 的数值越小，零件表面越光滑；数值越大，表面越粗糙。表9-3列出了部分表面粗糙度参数 Ra 数值的应用举例。

表 9-3　表面粗糙度参数 Ra 数值的应用举例

Ra 数值/μm	应　用　举　例
100, 50, 25	粗车、粗刨、粗镗、钻孔及切断等经粗加工的表面
12.5	螺栓穿孔、铆钉孔表面、支架、箱体等零件中不与其他零件接触的表面
6.3	箱体、支架、盖子等的接触表面（但不形成配合关系），齿轮的非工作面，平键槽的侧面
3.2	IT9～IT11 的配合表面，销钉孔，滑动轴孔，G 级滚动轴承配合座孔，拨叉的工作面，精度不高的齿轮工作面
1.6	IT6～IT8 的配合表面，滚动轴承座孔，涡轮、套筒、齿轮的配合工作面
0.8	IT6 的轴，IT7 的孔，保持稳定可靠配合性质的配合表面，高精度的齿轮工作面，传动丝杠的工作面，曲轴、凸轮轴的工作轴颈

2. 表面粗糙度的标注

（1）图形符号

在图样上表示零件表面粗糙度的图形符号见表9-4，图形符号的画法见图9-17。

表9-4　表面粗糙度的符号

符号	意义及说明
√	基本符号——表面可用任何方法获得。当不加注粗糙度参数值或有关说明时，该符号仅用于简化代号标注
√	扩展符号——基本符号上加一短横，表示表面是用去除材料方法（如车、铣、刨、磨、钻、抛光、腐蚀、电火花加工等）获得的
√	扩展符号——基本符号上加一圆圈，表示表面是用不去除材料方法（如铸、锻、冲压、冷轧、粉末冶金等）获得的
√ √ √	完整符号——在上述3个符号的上边加一横线，在横线的上下可标注有关参数和说明：之上标注加工方法；之下标注粗糙度参数等
√ √ √	相同要求符号——在完整符号的与横线相交处加一圆圈，在不会引起歧义时用来表示某视图上构成封闭轮廓的各表面具有相同的表面粗糙度要求

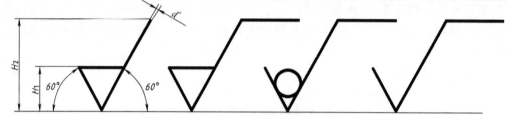

图9-17　表面粗糙度图形符号的画法
$d' = h/10$，$H_1 = 1.4h$，$H_2 = 3h$（最小值），h 为字高

（2）基本注法

表面粗糙度在同一图样上，每一表面一般只标注一次，并应尽可能标注在具有确定该表面大小或位置的视图的轮廓线（包括棱边线）上，标注在轮廓线的延长线上或指引线上。其注写和读取方向要与尺寸的注写和读取方向一致，如图9-18所示。

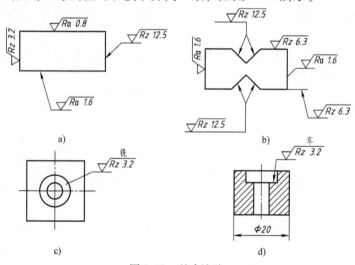

图9-18　基本注法

必要时也可标注在特征尺寸的尺寸线上或几何公差的框格上，如图 9-19 所示。

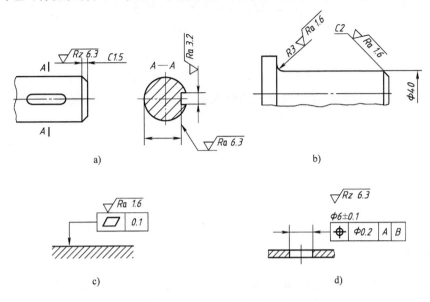

a)   b)

c)   d)

图 9-19　在特征位置上的注法

（3）简化注法

1）当零件所有表面具有相同表面粗糙度要求时，则应统一标注在图样的标题栏附近，如图 9-20 所示。

2）当零件的大部分表面具有相同表面粗糙度要求时，则应统一标注在图样的标题栏附近，而且要在符号后面加圆括号，如图 9-21 所示。

当图纸空间有限时可用带字母的完整符号，以等式的形式在图形或标题栏附近，将相同的表面粗糙度要求标注出来，如图 9-22 所示。

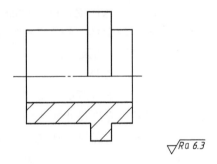

图 9-20　全部要求都相同的注法

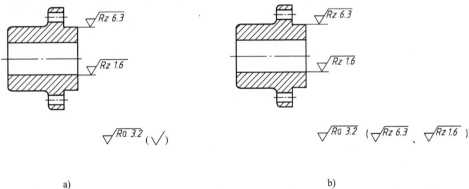

a)   b)

图 9-21　多数表面有相同要求时的注法

a）圆括号内给出基本符号　b）圆括号内给出不同表面粗糙度要求

157

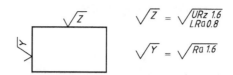

图 9-22　在图纸空间有限时的简化注法

也可用基本符号或扩展符号以等式的形式给出多个表面共同的表面粗糙度要求，如图 9-23 所示。

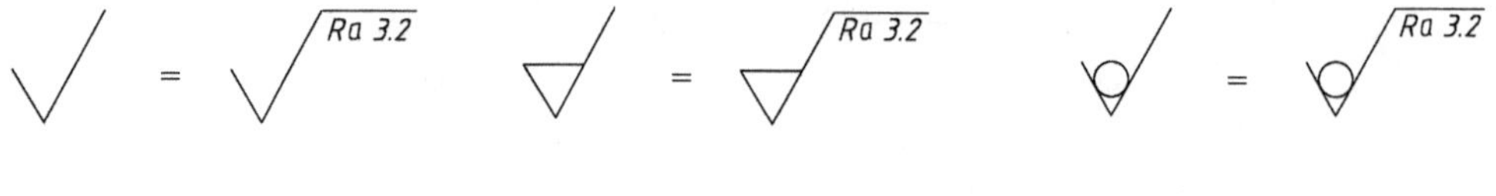

a)　　　　　　　　　　　b)　　　　　　　　　　　c)

图 9-23　多个同样表面粗糙度要求的简化注法

9.5.2　极限与配合

极限与配合是零件图和装配图中的一项重要的技术要求，也是检验产品质量的技术指标和实现互换性的重要基础。

在实际生产制造机械零件时，不能要求零件的尺寸加工得绝对准确，而是根据设计和工作的需要，将其误差统一按国家标准《产品几何技术规范（GPS）极限与配合》（GB/T 1800.1—2009、GB/T 1800.2—2009）控制在一个合理的范围内。现将其基本内容和规定介绍如下。

1. 公差的相关术语及定义

1）公称尺寸：设计给定的尺寸。

2）实际尺寸：测量所得的尺寸。

3）极限尺寸：允许尺寸变化的两个极限值，即上极限尺寸和下极限尺寸。

4）尺寸偏差：实际尺寸减基本尺寸所得的代数差，可以为正、负或零值。

5）极限偏差：即上偏极限差和下偏极限差。上极限尺寸减公称尺寸为上偏极限差；下极限尺寸减公称尺寸为下偏极限差。国家标准规定用代号 ES 和 EI 表示孔的上、下偏极限差；用代号 es 和 ei 表示轴的上、下偏极限差。

6）尺寸公差（简称公差）：允许尺寸的变动量。公差等于上极限尺寸与下极限尺寸代数差的绝对值，也等于上极限偏差与下极限偏差代数差的绝对值。

上述"公称尺寸""极限尺寸""极限偏差"以及"尺寸公差"之间的关系如图 9-24 所示。

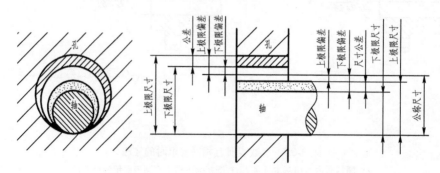

图 9-24　公差与配合的示意图

7）公差带图：为了明显和方便，常用如图 9-25 所示的公差带图来研究公差与配合的问题。以公称尺寸作为确定偏差的一条基准直线，称为零线。零线以上为正偏差，零线以下为负偏差。可用放大的比例画出孔、轴的上、下偏极限差线，它们所限定的区域，称为公差带。

公差带的概念不仅包含公差带的大小，还包含公差带位置。图 9-26 是轴的公差带大小和位置示意图。国家标准规定，公差带的大小由标准公差决定，公差带的位置由基本偏差确定。

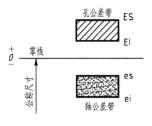

图 9-25　公差带图

8）标准公差与公差等级：公称尺寸相同的零件，公差带的大小直接反映该零件的尺寸精度。公差越大，精度越低，反之，公差越小，精度越高。确定尺寸精度的等级为公差等级，共有 20 个等级，由高到低为 IT01、IT0、IT1、IT2、…、IT18。一般 IT5 ~ IT12 用于配合尺寸，IT01 ~ IT4 用于量规，IT13 ~ IT18 用于非配合尺寸。同一公称尺寸的每一公差等级应有一个确定的公差值，称之为标准公差（IT），其数值可见书后附录中的附表 10。

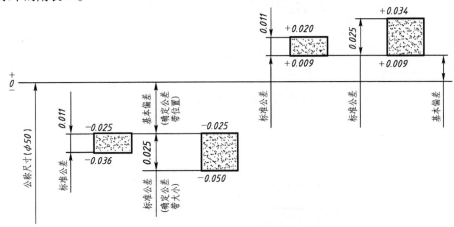

图 9-26　轴的公差带大小和位置示意图

9）基本偏差：指公差带靠近零线的上极限偏差或下极限偏差。当公差带位于零线下方时，其基本偏差为上极限偏差；当公差带位于零线上方时，其基本偏差为下极限偏差。国家标准分别对孔和轴的基本偏差系列规定了 28 个，用拉丁字母表示，大写为孔，小写为轴，如图 9-27 所示。基本偏差只是确定了公差带的位置，和公差带的大小无关，因而图 9-27 中公差带远离零线的一端是开口的，它取决于各公差等级的标准公差的大小。

10）公差带代号：由基本偏差代号和公差等级代号组成。如 H8、F8、K7、P7 等为孔的公差带代号；h7、f7、k6、p6 等为轴的公差带代号。而对一个具体的零件的公差带必须有基本尺寸。如图 9-26 中 4 个轴的公差带代号分别为 $\phi50f5$、$\phi50f7$、$\phi50m5$ 和 $\phi50m7$。

2. 配合

基本尺寸相同的、相互结合的孔和轴公差带之间的结合关系叫配合。基本尺寸相同的孔和轴装配时，由于实际尺寸的不同会出现"间隙"或"过盈"。用孔的实际尺寸减去相配合的轴的实际尺寸的代数差，其值为正时即间隙；为负时即过盈。根据配合时出现的间隙和过盈的情况，配合分为 3 类。

1）间隙配合：具有间隙（包括最小间隙为零）的配合。此时，孔的公差带在轴的公差

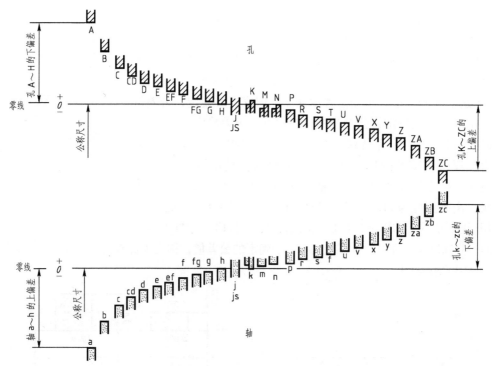

图 9-27　基本偏差系列示意图

带之上，如图 9-28 所示。

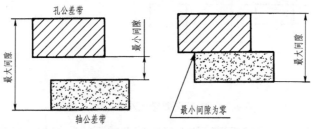

图 9-28　间隙配合

2）过盈配合：具有过盈（包括最小过盈为零）的配合。此时，轴的公差带在孔的公差带之上，如图 9-29 所示。

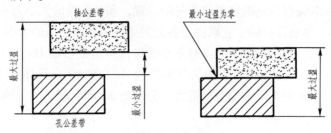

图 9-29　过盈配合

3）过渡配合：可能具有间隙或过盈的配合。此时，孔的公差带与轴的公差带相互交叠，如图 9-30 所示。

3. 基准制配合

公称尺寸确定后，为获得孔、轴的不同配合，如孔和轴两者的公差带都任意变动，则情

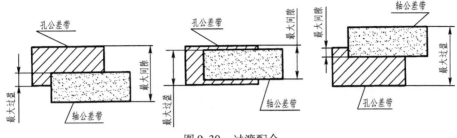

图 9-30 过渡配合

况变化太多，不利于零件的设计和制造。为此，根据生产的需要规定了"基孔制"和"基轴制"两种配合制度，如图 9-31 所示。在一般情况下，优先采用基孔制。

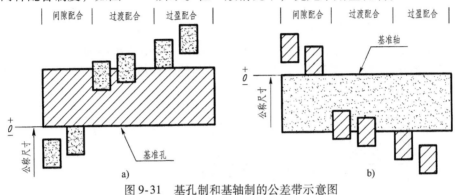

图 9-31 基孔制和基轴制的公差带示意图

a）基孔制　b）基轴制

1）基孔制：指基本偏差为一定的孔的公差带与不同基本偏差的轴的公差带形成各种配合的一种制度。基孔制配合中的孔为基准孔，其基本偏差代号为 H，下偏差为零。轴的基本偏差为 a 到 h 时与基准孔形成间隙配合；j 到 zc 时为过渡或过盈配合。

2）基轴制：指基本偏差为一定的轴的公差带与不同基本偏差的孔的公差带形成各种配合的一种制度。基轴制配合中的轴为基准轴，其基本偏差代号为 h，上偏差为零。孔的基本偏差为 A 到 H 时与基准轴形成间隙配合；J 到 ZC 时为过渡或过盈配合。

3）配合代号：由相互配合的孔、轴公差带的代号组成，用分数表示，分子为孔的公差带代号，分母为轴的公差带代号，如 H8/f7、K7/h6。显然，孔的代号为 H 时，就是基准孔，是基孔制配合；轴的代号为 h 时，就是基准轴，是基轴制配合。

4. 公差与配合在图样上的标注

GB/T 4458.5—2003《机械制图 尺寸公差与配合注法》规定了机械图样中尺寸公差与配合公差的标注方法。

1）在装配图上的标注。在装配图上的标注方法，如图 9-32 所示，即在公称尺寸后标出配合代号。

2）在零件图上的标注。零件图上的标注方法如图 9-33 所示有 3 种，即在公称尺寸后标出公差带代号；标出上、下极限偏差数值；同时注出公差带代号和极限偏差数值，此时极限偏差数值应在括号内。公称尺寸后填写上、下极限偏差数值时，其字体应较基本尺寸的数字小一号，上极限偏差应写在公称尺寸的右上方，下极限偏差应与公称尺寸注在同一底线上。上、下极限偏差的小数点必须对齐，小数点后的位置也必须相同。当偏差为零时，用数字

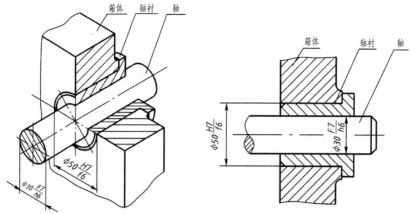

图 9-32　配合代号在装配图上的标注

"0"标出，并与偏差的小数点前的个位数对齐，如图9-33中的箱体和轴的尺寸。当上、下极限偏差的数值相同时，只需注写一次，公称尺寸与偏差数值间加注符号"±"，且两者数字高度相同。

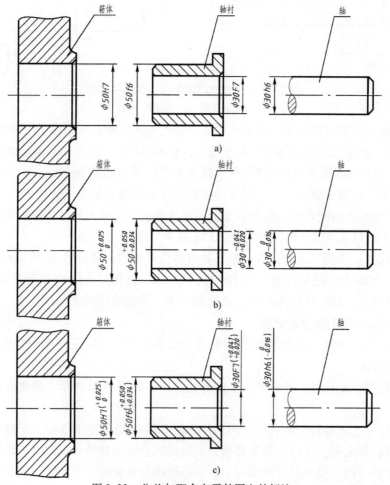

图 9-33　公差与配合在零件图上的标注

a）在公称尺寸后标出公差带代号　b）标出上、下极限偏差数值　c）同时注出公差带代号和极限偏差数值

9.6　零件的测绘

零件的测绘就是根据实际零件画出它的零件图。通常先绘制出零件的草图（即徒手绘制图形，目测来画零件的各部分结构形状、大小及相对位置，然后将实物上测得的尺寸标注上去，并将零件图所需的其他资料补全），再将零件草图经整理后用绘图工具仪器画成零件图。

9.6.1　零件测绘步骤

1）准备工作。了解零件的名称、用途、材料等，对零件的结构形状进行分析，为确定视图方案、标注尺寸、确定表面粗糙度等技术要求创造条件。

2）确定视图方案。

3）画零件草图。

4）将零件草图整理画成零件图。

画零件草图的具体步骤如下。

1）在方格纸上定出各视图的位置，应注意在各视图之间留有注尺寸的空间。

2）徒手目测绘制出各视图。

3）选择尺寸基准，拉引尺寸界线、尺寸线。

4）测量尺寸，填写尺寸数字。

5）确定各种加工精度，即尺寸公差、几何公差、表面粗糙度。

6）填写技术要求、标题栏等。

9.6.2　零件测绘应注意的事项

1）零件上的缺陷（铸件上的砂眼、裂纹、缩孔；加工的缺陷）及长期使用产生的磨损均不应画出。对磨损部位应注意其尺寸的准确性。

2）零件上标准结构要素如螺纹、退刀槽、越程槽、倒角、倒圆等在测量后均需查表，予以校正。

9.7　看零件图

看零件图就是要求根据图样的内容弄清零件的结构形状、大小，加工制造的要求和方法，一般步骤和方法如下。

1）看标题栏。从标题栏中可以了解零件的名称、材料、比例等，从而可知其作用、结构特点，有助于看图。

2）视图分析。首先找出主视图，然后看还有哪些视图，各是什么表达方法，它们间的关系如何。

3）形体分析和线面分析。在视图分析的基础上，进一步通过形体分析和线面分析来理顺投影关系，综合想象出零件的整体结构。

4）尺寸和技术要求的分析。为弄清零件的加工和制造的要求、零件的设计意图，必须认真分析长、宽、高各个方向的尺寸基准、各表面粗糙度要求、尺寸公差、几何公差和其余各项要求。

第 10 章 装 配 图

用来表达机器或部件的图样称为装配图。通过装配图可以了解机器或部件的结构形状、连接方式、装配关系、工作原理和技术要求等，它是对机器或部件进行设计、安装、检测、使用和维修等工作的重要技术文件。

在设计机器或部件时，一般先画出装配图，然后根据装配图拆画零件图；装配时，则根据装配图组装成机器或部件；使用、管理和维修机器时，需要通过装配图来了解机器的结构、性能和工作原理等。因此，装配图和零件图一样，是生产中不可缺少的主要机械图样。

如图 10-1 所示为一滑动轴承的轴测分解图，图 10-2 为其装配图。

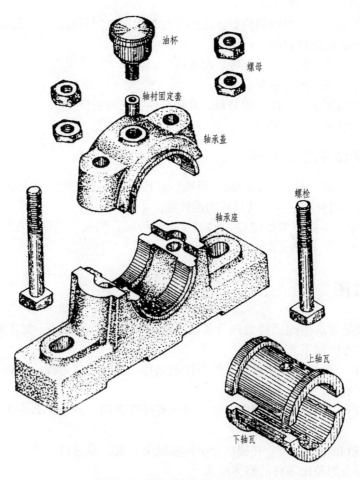

图 10-1 滑动轴承的轴测分解图

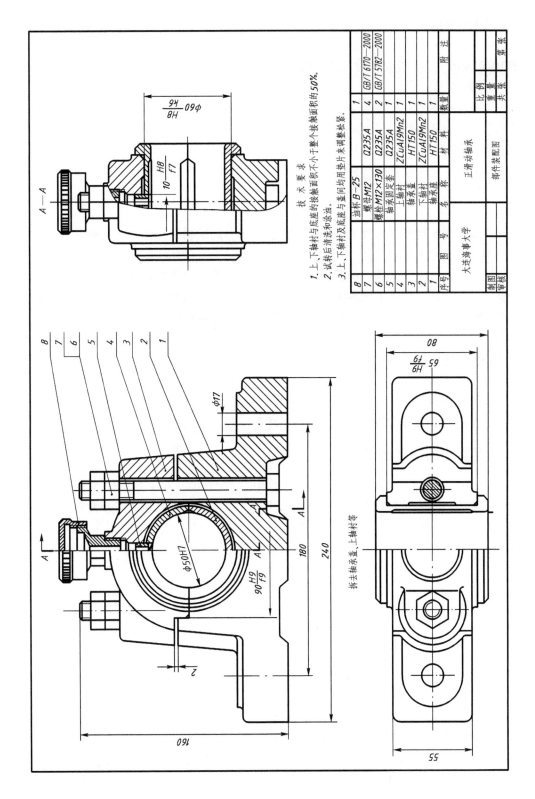

技 术 要 求

1. 上、下轴衬与底座的接触表面积不小于整个接触面积的50%。
2. 试转后清洗和涂油。
3. 上、下轴衬及底座与盖间均用垫片来调整松紧。

8	油杯 B-25		1	GB/T 6170—2000
7	螺母 M12	Q235A	4	GB/T 5782—2000
6	螺栓 M12×130	Q235A	2	
5	轴承固定套	Q235A	1	
4	上轴衬	ZCuAl9Mn2	1	
3	轴承盖	HT150	1	
2	下轴衬	ZCuAl9Mn2	1	
1	轴承座	HT150	1	
序号	名 称	材 料	数量	附 注

正滑动轴承

部件装配图

大连海事大学

图号

制图
审核

比例
重量 共 张 第 张

拆去轴承盖、上轴衬等

图 10-2 滑动轴承的装配图

10.1　装配图的内容

如图 10-2 所示，一个完整的装配图应包括以下内容。

（1）一组视图

综合应用各种表达方法，选用一组恰当的图形将零件间的装配关系、工作原理，各零件的主要结构形状等表达清楚。

（2）必要的尺寸

装配图中应具有表明机器或部件的规格性能尺寸、装配尺寸、安装尺寸、总体尺寸和其他一些必需的重要尺寸。

（3）技术要求

用文字或符号说明机器或部件的性能、装配、检验、调试和使用等方面的要求。

（4）序号、标题栏和明细栏

与零件图一样，装配图上应有标题栏说明所表达的机器或部件的名称、规格、比例、主要责任人等。另外，还必须将不同的零件或部件按一定的格式编号，并在标题栏的上方列出明细栏，填写零件的序号、图号、名称、材料、数量和标准编号等。

10.2　装配图的表达方法

零件图中的各种表达方法，如视图、剖视图、断面图、局部放大图等同样适用于装配图，但是由于表达的对象与目的不同，装配图中还有一些规定画法和特殊画法。

10.2.1　装配图中的规定画法

1）装配图中凡相邻零件的接触面、公称尺寸相同的配合面只画一条轮廓线，而公称尺寸不同的相邻零件，即使间隙很小，也必须画出两条轮廓线（可把间隙适当夸大）。

2）两相邻零件的剖面线方向应相反。当有几个零件汇集在一起时，可以采用剖面线方向一致而间距不同，或间距相同而错开位置的画法。应注意同一零件在各剖视、断面图中的剖面线方向和间距必须一致。

3）对于螺纹紧固件以及轴、杆、销、键和球等实心零件，当剖切平面通过其轴线时，规定这些零件按不剖处理。表达这些零件上的局部结构如键槽、销孔、凹槽等时，可以采用局部剖表达。

10.2.2　装配图中的特殊表达方法

1. 沿零件的结合面剖切和拆卸画法

在装配图中，为了使被遮住的部分表达清楚，可假想沿某些零件的结合面选取剖切平面或假想将某些零件拆卸后绘制，需要说明时可以加标注，如"拆去××等"。

图 10-2 滑动轴承的半剖俯视图，其右半部分就是沿着轴承座和盖的结合面剖切的，这时轴承盖和上轴衬可以看成是被拆掉了，而螺栓被切断了，所以只是螺栓画上剖面线，在俯视图的上方标注"拆去轴承盖、上轴衬等"。

2. 假想表示法

1) 在装配图中，为了表示机器或部件与相邻的零件或部件的安装、连接关系，可以用双点画线绘制出相邻零、部件的轮廓线，如图10-3所示。

2) 在装配图中，必要时可以用细双点画线画出运动零件在极限位置时的外形轮廓，如图10-4中阀关闭时的手柄位置。轨迹线用细双点画线画出。

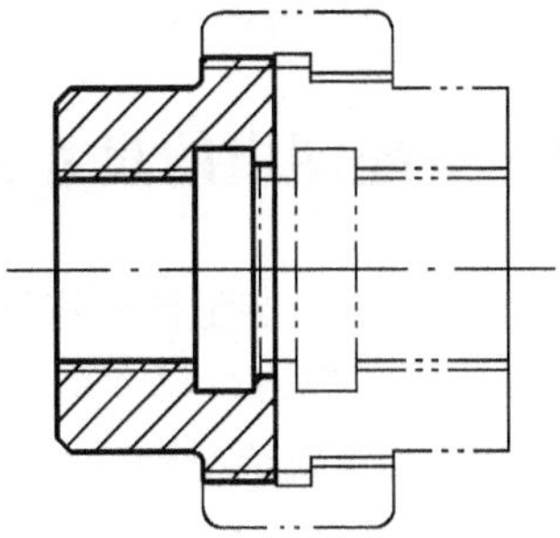

3. 夸大画法

在装配图中，如果绘制的直径或厚度小于2mm的孔或薄片、小间隙等，为了表达清楚，允许将它们适当地夸大画出，如图10-5中的薄垫片。

图10-3 相邻零部件装配关系的表达

4. 简化画法

1) 在装配图中，对于零件的工艺结构，如倒角、圆角、退刀槽等可以不画，六角头螺栓和螺母的头部可以按照图10-5的简化画法画出。

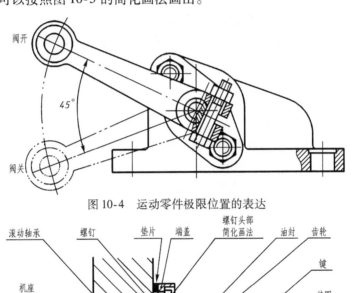

图10-4 运动零件极限位置的表达

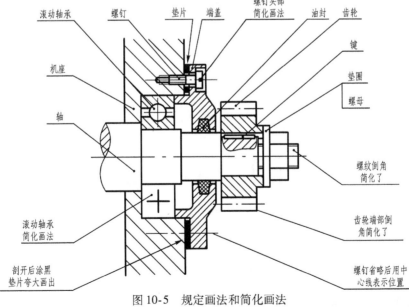

图10-5 规定画法和简化画法

2）在装配图中，对于一些规格完全相同，而且有规律分布的螺纹紧固件的联接情况，可以只画出一处或几处，其余则以点画线表示其中心位置即可，如图 10-5 所示。

10.3 装配图中的尺寸标注

一般情况下，装配图中需标注下列几类尺寸。

1）性能（规格）尺寸：是表示机器或部件的性能或规格的尺寸。这类尺寸是设计时确定的，也是了解或选用机器、部件的依据，如图 10-2 中的 ϕ50H7。它表示该轴承适用于安装 ϕ50 的轴，其配合关系为 H7。

2）装配尺寸：是表示机器或部件中零件之间装配关系的尺寸，包括配合尺寸和重要的相互位置尺寸，如图 10-2 中的 ϕ10H8/f7 和 90H9/f9 等。

3）安装尺寸：是机器或部件安装时所需要的尺寸，如图 10-2 中的 180。

4）外形尺寸：是表示机器或部件的总长、总宽和总高的尺寸，即整体轮廓大小的尺寸。这类尺寸为机器或部件包装、运输和安装时所占的空间大小提供了依据，如图 10-2 中的外形尺寸为：总长 240、总宽 80 和总高 160。

5）其他重要尺寸：是指前 4 类以外的一些重要尺寸，如零件运动的极限位置尺寸等。

10.4 装配图中的序号和明细栏

装配图上对每一个零件或部件都必须编注序号或代号，并填写明细栏，以便于统计零件数量，进行生产准备工作。同时，在看装配图时，也是根据序号查阅明细栏，以了解零件的名称、材料和数量等，有利于看图和图样管理。

10.4.1 装配图中的序号

为了便于看图、进行图样管理和组织生产，必须对装配图中所有的零、部件进行编号。一般用阿拉伯数字按照一定顺序编写。编写序号时，应遵守下列规定。

1）同一装配图中相同的零、部件只应有一个序号，一般只标注一次。

2）序号的编写形式有 3 种，如图 10-6 所示。序号的字高比该图中尺寸数字高度大一号（图 10-6a）或大两号（图 10-6b），也可以直接在指引线附近注写序号，此时序号字高应比图中尺寸数字高度大两号（图 10-6c）。同一装配图中所编写的序号形式应一致。

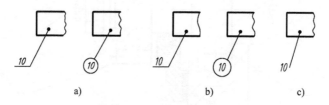

图 10-6 序号的编写形式

3）指引线应自所指部分的可见轮廓内引出，并在末端画一圆点，如图 10-6 所示。如果

所指的零件很薄或是涂黑的剖面，不宜画圆点时，可以在指引
线的末端画出箭头，并指向该部分的轮廓，如图 10-7 所示。
指引线相互不能相交，当通过有剖面线的区域时，指引线不应
与剖面线平行。必要时，指引线可以画成折线，但只允许折一
次。一组紧固件或者装配关系清楚的零件组，可以采用公共指
引线，如图 10-8 所示。

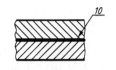

图 10-7　很薄零件的序号编写

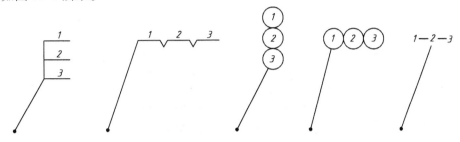

图 10-8　公共指引线

10.4.2　装配图中的明细栏

明细栏在标题栏的上方，其格式建议如图 10-9 所示。明细栏中的序号由下向上填写，该序
号对应于图中的序号。明细栏中还表明了图中零、部件的代号、名称、材料、数量等内容。

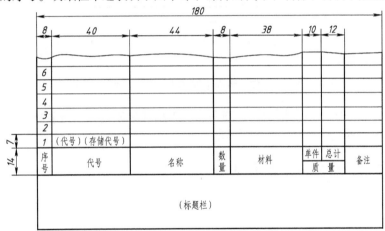

图 10-9　装配图上的标题栏和明细栏

10.5　零件装配工艺结构的合理性

为了保证机器或部件的性能，并给加工制造和维修带来方便，在设计过程中，必须考虑
零件装配工艺结构的合理性。

10.5.1　两零件的合理装配工艺结构

1. 接触面、配合面结构的合理性

装配时两零件在同一方向上只应有一对接触面，否则会给零件的制造和装配等工作带来

困难，如图 10-10 所示。

2. 接触面、配合面折角处工艺结构的合理性

两零件装配时，如要求两个互相垂直的表面同时接触，则两零件接触面的折角处，不应都加工成直角或尺寸相同的圆角，否则折角处就会发生干涉，使接触面不能很好地接触，而影响装配性能，如图 10-10a 所示。为了保证图 10-10a 所示的轴肩和孔端紧密配合，孔端要倒角或轴根要切槽，从而得到了折角处的合理结构，如图 10-10b 所示。

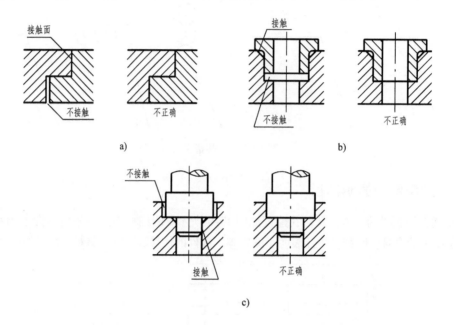

图 10-10　同一方向上两零件只应有一对接触面

应指出，在装配图中一般将倒角、圆角、退刀槽和砂轮越程槽等省略不画，但并不等于这些结构要素不存在。

10.5.2　零件的合理装拆工艺结构

1）为了保证零件在装拆前后的装配精度，便于加工和装拆，在可能的条件下，将有关零件相关部位加工成通孔，如图 10-11 所示。

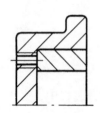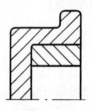
　　　　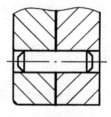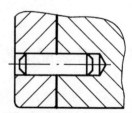

图 10-11　零件的相关部位加工成通孔　　　　图 10-12　销孔加工成通孔

2）对于采用销钉联接的结构，为了装拆方便，尽可能将销孔加工成通孔，如图 10-12 所示。

3）对于螺纹联接装置，必须留出足够的活动空间（图 10-13）和扳手空间（图 10-14）。

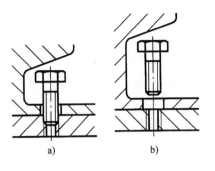
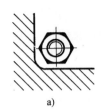
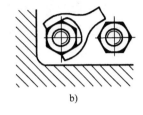

图 10-13　螺纹紧固件的装配
a）错误　b）正确

图 10-14　扳手空间
a）错误　b）正确

10.6　绘制装配图的方法和步骤

在设计机器或部件时，一般先画出装配图，然后根据装配图拆画零件图。从学习过程来看，也只有通过画装配图，才能加深对装配图的理解，从而为看装配图打下基础。

下面以图 10-15 手动球阀为例，介绍画装配图的方法和步骤。

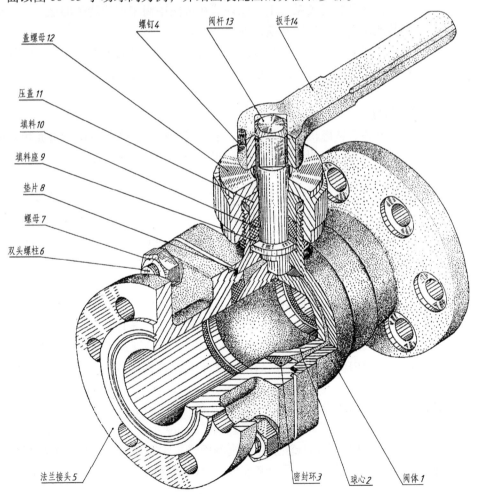

螺钉4　　阀杆13　　扳手14

盖螺母12

压盖11

填料10

填料座9

垫片8

螺母7

双头螺柱6

法兰接头5　　　　　密封环3　　球心2　　阀体1

图 10-15　手动球阀轴测图

1. 分析、研究所要表达的机器或部件

画图前，必须对所要表达的对象有深入、全面的认识和了解，对机器或部件的性能、工作原理、各组成部分的作用以及结构特点和装配关系一清二楚。

图 10-15 是船用手动直通球阀的轴测图。该球阀是船舶管路中用于控制海水、淡水或油的流量的一种部件。它由 14 种零件组成，大致可分为主体部分、旋转部分和密封装置 3 部分。主体部分是由法兰接头 5 和阀体 1 用四组双头螺柱、螺母联接而成；旋转部分是由扳手 14、阀杆 13 和球心 2 所组成；密封装置部分是由填料座 9、填料 10、压盖 11、盖螺母 12 和分别在球心 2 左右两侧的密封环 3 所组成。密封环 3 既起密封作用，又起支撑球心 2 作用。当转动扳手 14 时，通过阀杆 13 可使球心 2 转动，从而改变球心 2 上的通孔与主体部分通孔的相对位置，使球心通孔的开通量发生变化，以调节和控制管路内的液体流量。

2. 确定视图的表达方案

确定装配图视图表达方案的步骤与方法和零件图相似。但由于装配图和零件图在生产中的作用和要求不同，所以表达的要求也不尽相同。

装配图的主视图按"形体特征"原则和"工作位置"原则确定，使主视图能较多地反映机器或部件中各零件的装配关系和工作原理。

主视图确定以后，凡是装配关系、工作原理等在视图中尚未表达清楚的地方，则根据需要有针对性地选用其他视图、剖视图和断面图作补充。

图 10-15 的手动球阀的表达方案如图 10-16 所示。取通过阀杆轴线的全剖视图为主视图，采用局部视图的局部剖视来补充说明扳手 14 和阀杆 13 之间用紧定螺钉 4 来固定的情况。

3. 确定比例和图幅

确定比例和图幅要综合考虑机器或部件的大小、复杂程度、全部视图所占面积及标注尺寸、序号、技术要求、标题栏和明细栏需占的面积。

4. 画图步骤

（1）布图

布图时，首先要画出图框、标题栏和明细栏的位置和大小，然后画出各视图的基线以确定各视图的位置。通常以起定位作用的主要零件的轴线、中心线或端面作为各视图的基线，如图 10-17a 所示。

（2）画图

画图时一般先从主视图开始，同时要注意各视图间的联系。

画主视图时，一般先从主体零件开始，因为其他零件往往是以主体零件为定位基准的。画图的顺序一般为先画大的轮廓、主要的结构，后画细节。剖视图应先画出按不剖处理的实心杆、轴，然后逐层按由内向外，由前向后的顺序来画，这样可以省画被挡住部分的线条，节省画图时间。

画手动球阀装配图底稿的步骤如图 10-17a ~ 图 10-17d 所示。

（3）完成全图

全部底稿经检查无误后，即可标注尺寸、画剖面线、编写序号、加深和加粗图线、填写标题栏和明细栏、编写技术要求等。最后经校核、修改而完成全图，如图 10-16 所示。

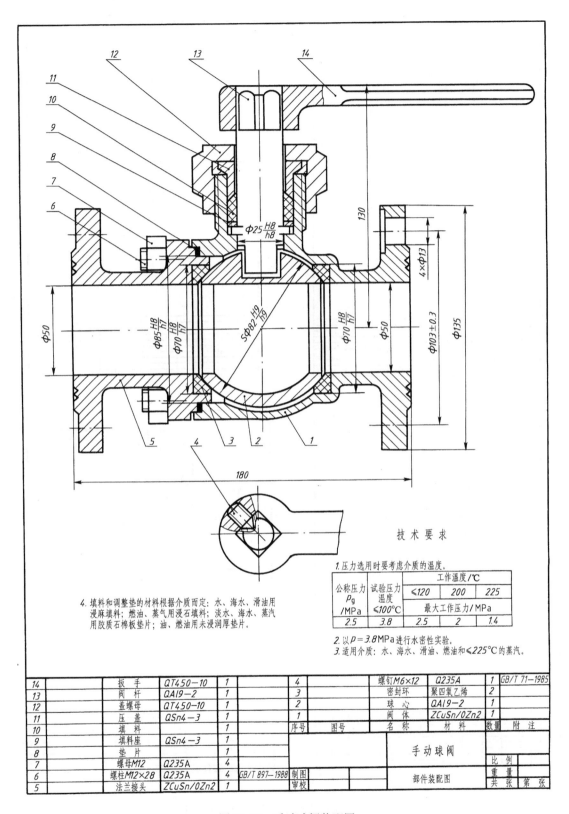

技 术 要 求

1.压力选用时要考虑介质的温度。

公称压力P_g/MPa	试验压力温度$\leqslant 100℃$	工作温度/℃		
		$\leqslant 120$	200	225
		最大工作压力/MPa		
2.5	3.8	2.5	2	1.4

2.以$P=3.8$MPa进行水密性实验。

3.适用介质:水、海水、滑油、燃油和$\leqslant 225℃$的蒸汽。

4.填料和调整垫的材料根据介质而定:水、海水、滑油用
浸麻填料;燃油、蒸气用浸石填料;淡水、海水、蒸汽
用胶质石棉板垫片;油、燃油用未浸润厚垫片。

14		扳手	QT450-10	1		4		螺钉M6×12	Q235A	1	GB/T 71-1985
13		阀杆	QA19-2	1		3		密封环	聚四氧乙烯	2	
12		盖螺母	QT450-10	1		2		球心	QA19-2	1	
11		压盖	QSn4-3	1		1		阀体	ZCuSn/0Zn2	1	
10		填料		1		序号	图号	名称	材料	数量	附注
9		填料座	QSn4-3	1							
8		垫片		1				手动球阀			
7		螺母M12	Q235A	4						比例	
6		螺柱M12×28	Q235A	4	GB/T 897-1988	制图		部件装配图		重量	
5		法兰接头	ZCuSn/0Zn2	1		审校				共 张 第 张	

图 10-16 手动球阀装配图

173

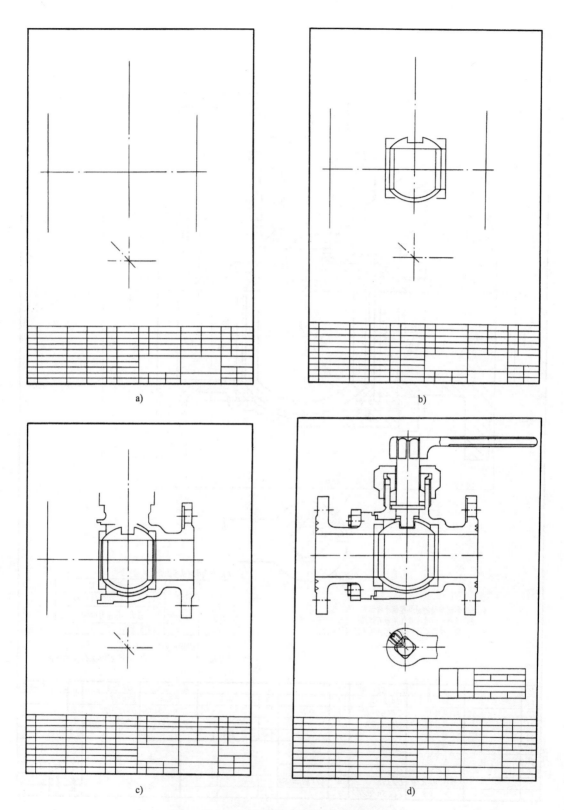

a)

b)

c)

d)

图 10-17　手动球阀装配图底稿的画图步骤

10.7 看装配图的方法和步骤

在机器或部件的设计、装配、安装、调试、维修及进行交流时，都需要看装配图，因此，具备看装配图的能力非常重要。

10.7.1 看装配图的要求

1）了解机器或部件的功能、使用性能和工作原理。
2）了解各个零件的作用、零件之间的相互位置、装配关系和连接固定方式。
3）读懂各个零件的结构形状。
4）了解尺寸和技术要求。

看装配图时，重要的是看懂机器或部件的工作原理、装配关系和主要零件的结构形状。

10.7.2 看装配图的方法和步骤

1. 概括了解及分析视图

看装配图时，首先看标题栏及有关说明书，了解机器或部件的名称、用途、性能和画图比例，对照总体尺寸估计机器或部件的真实大小；再结合明细栏和图中各组成部分的序号，了解各组成部分在图中的位置以及它们的名称、材料、数量和标准件、常用件所采用的标准等。

根据装配图中各视图、剖视、剖面的配置和标注，搞清楚各视图之间的投影关系以及它们所表示的主要内容，以便于深入读图。

2. 分析零件，弄清楚装配关系和工作原理

这是看装配图的主要阶段，要在前一步的基础上，通过零件分析，搞清楚各个组成部分的作用、结构特点、装配关系以及机器或部件的传动系统和工作原理，以解决看装配图的目的与要求。

分析零件必须先要"分离零件"，即从有关的视图中分离出该零件的投影轮廓。分离零件时，应注意以下几点。

1）装配图中每个零件都有自己的编号（序号）。
2）任何形体的外形轮廓都应当封闭，可以借此区分零件。
3）利用相同零件的剖面线方向、间隔应完全相同，不同零件的剖面线应有所区别来区分两相邻零件。
4）注意各视图的投影关系及有关文字或代号的说明等。

机器或部件中的标准件和常用件，它们的结构和作用比较容易了解，所以分析零件时，主要是分析机器或部件的专用零件。分析过程中，当某些零件的结构形状一时难以看懂时，可以先分析与它相关的零件。有时也可以借助相关零件的作用、结构特点来帮助读图。

装配图中的尺寸，对于分析零件和了解机器或部件的性能、装配关系有着重要的作用。

3. 归纳总结

为了进一步正确认识整个机器或部件，在上述分析的基础上，可以从以下几个方面进行归纳总结。

1）机器或部件的传动系统、润滑方式和密封装置。

2）零、部件间的连接、固定、定位和调整。

3）装配关系、拆装方法和顺序。

4）机器或部件的工作原理、性能和使用特点。

5）机器的对外连接和安装方式。

6）装配图的表达方法和技巧。

10.7.3 看装配图举例

下面以看齿轮泵装配图（图 10-18）为例，说明看装配图的方法和步骤。

1. 概括了解及分析视图

齿轮泵的作用是把油箱的油吸上来，增大压力后再输送到所需的液压系统中去。阅读明细栏可知，油泵由 15 种零件组成，其中标准件与常用件占了 8 种，专用零件 7 种。在这 7 种专用零件中，又有调整垫片 5、密封圈 8 等简单的零件，所以重要的零件就剩下如下几种：左端盖 1、从动齿轮轴 2、主动齿轮轴 3、泵体 6 和右端盖 7。

齿轮泵由旋转剖的主视图和沿结合面半剖的左视图表达，主视图主要反映泵的结构及装配关系，左视图反映齿轮啮合的情况和泵的外形，从总体尺寸 120、90、95 可知齿轮泵体积不大。

2. 了解齿轮泵的传动关系、装配关系和工作原理

齿轮泵的工作原理如图 10-19 所示：泵体 6 前、后空腔被齿轮啮合区隔开不通，传动齿轮 11 带动主动齿轮轴 3 及从动齿轮轴 2 旋转，进油口处的油不断被齿轮齿间带动并沿腔壁甩到出油口处，进油口处空腔压力下降，出油口处压力升高，油箱中的油在大气压力作用下沿进油口吸入，并沿出油口输送到液压系统。

通过分析可知泵体 6 是一个基本零件，主动齿轮轴 3 及从动齿轮轴 2 均装配在其中，并通过左端盖 1 和右端盖 7 上的中心距为 28.76 ± 0.02 的两个孔 $\phi 16H7$ 保证正确的啮合。左端盖 1 和右端盖 7 把泵体 6 及主、从动齿轮密闭起来，通过销 4 定位并用 12 个螺钉把左端盖 1 和右端盖 7 固定在泵体 6 上。为防止泄漏，在泵体 6 与左端盖 1 和右端盖 7 的结合面分别使用了密封调整垫片 5，在主动齿轮轴 3 伸出右端盖 7 的部位设计了密封圈 8。

3. 重要尺寸

主、从动齿轮的中心距 28.76 ± 0.02 必须保证，否则齿轮不能正确啮合，啮合区不能很好地阻隔吸油区与压油区，齿轮还可能与泵体摩擦，影响齿轮泵的工作性能。

主、从动齿轮的齿顶圆与泵体内腔壁的配合尺寸 $\phi 34.5H7/f6$ 也很重要，如果间隙大了，则漏油严重，泵效率降低，达不到规定的流量与压力；如果间隙小了，甚至没有间隙，则会产生很大的磨损。

主动齿轮轴 3 与安装底面高度 65 是齿轮泵的重要安装尺寸。

吸油口与压油口螺纹 G3/8 是规格尺寸及安装尺寸。

10.8 由装配图拆画零件图

设计机器或部件时，首先画出装配图，再根据装配图拆画零件图，这是设计中的一个重要环节。

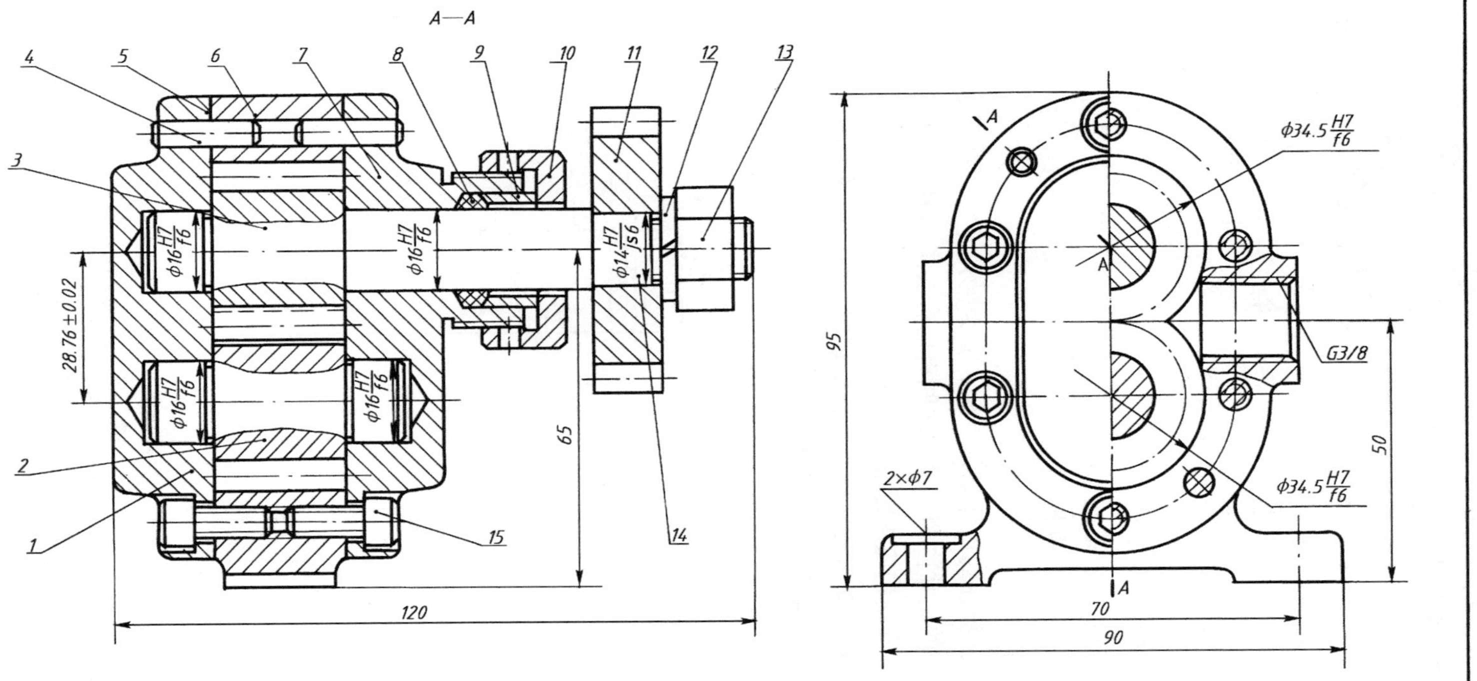

图 10-18 齿轮泵装配图

技术要求

1. 齿轮安装后，应转动灵活。
2. 两齿轮齿的啮合面应占齿长的 3/4 以上。

15	螺钉 M6×16	2	35	GB/T 70.1—2000	
14	键 4×10	1	45	GB/T 1096—2003	
13	螺母 M12×1.5	1	35	GB/T 6170—2000	
12	垫圈 12	1	65Mn	GB/T 93—1987	
11	传动齿轮	1	45	m=2.5, z=20	
10	压盖螺母	1	35		
9	压盖	1	QSn6-6-3		
8	密封圈	1	毛毡		
7	右端盖	1	HT200		
6	泵体	1	HT200		
5	调整垫片	2	纸		
4	销 5m6×18	4	45	GB/T 119.1—2000	
3	主动齿轮轴	1	45	m=3, z=9	
2	从动齿轮轴	1	45	m=3, z=9	
1	左端盖	1	HT200		
序号	零件名称	数量	材料	附注	
	齿 轮 泵			比例	共 张 第 张
制图					图号
审核					

拆图时必须看懂装配图，然后再根据该零件的作用，与其他零件的装配关系，所确定的结构形状、尺寸和技术要求，按零件图的内容及画图要求，画出零件图。

拆图时应注意以下问题。

1）拆图时必须根据零件的结构形状重新考虑零件的视图选择，不能机械地从装配图上照搬。因为装配图的视图选择是根据装配图的要求而选择的，并且装配图上并非把每个零件的结构形状都表达完全。因此在拆图时，对装配图上未表达完全的结构及未画出的工艺结构（如起模斜度、圆角、倒角、退刀槽等）应根据零件的设计及加工要求重新绘制。

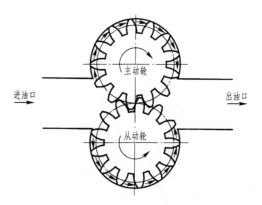

图 10-19　齿轮泵的工作原理

2）标注尺寸时，凡装配图上已标注的尺寸必须一致，其余的尺寸可以按照比例从装配图中量取，但要注意与相关零件间的尺寸协调。零件之间有配合要求的表面，其基本尺寸必须相同。对标准件的结构要素，标准结构应查标准确定。

3）零件的表面粗糙度、加工技术要求等应按照零件的作用、装配关系来确定和标注。

图 10-20 是根据齿轮泵装配图拆画的泵体零件图，其画图过程可以参考第 9 章的相关内容。

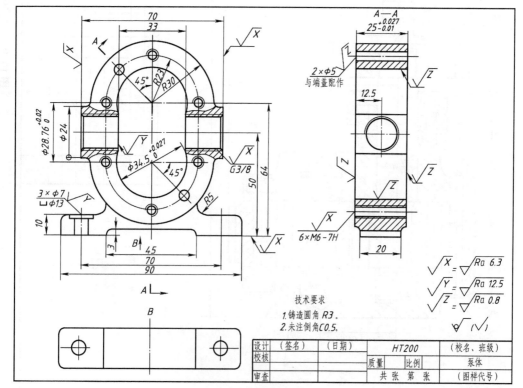

图 10-20　泵体零件图

第 11 章　三维 CAD 应用基础

随着近代工业的发展，历经上百年的时间，二维工程图形成了一套完善的、标准化的体系，成为指导生产的主要依据，也成了交流技术思想的重要工具。它在近现代工业中发挥了、并继续发挥着极其重要的作用。

但二维工程图缺少三维实体模型，也很难描绘三维空间机构的运动和进行产品的装配干涉检查，而且对重要零部件也不便于进行有限元分析与优化设计（CAE）、工艺规程生成（CAPP）和数控加工（CAM）。因此，采用二维工程图的设计模式，在设计早期不能全面考虑干涉或设计不合理等现象，从而使产品设计存在缺陷，造成设计修改工作量大，开发周期长，成本高。

利用三维 CAD 技术能逼真地创建出数字化模型，以立体的形式具体、直观、快捷地表达设计人员的设计思维，减轻企业设计人员的工作量，使他们能集中精力进行富有创造性的高层次创新设计活动。三维 CAD 系统的核心是产品的三维模型，强调三维模型的精确数学表达，包括精确的尺寸、坐标、公差和技术要求。这样在做模具之前就可以对三维数字化仿真模型进行装配和干涉检查；可以对重要零部件进行有限元分析与优化设计（CAE）；可以进行工艺规程生成（CAPP）、数控加工（CAM）以及快速成形；也可以启动三维、二维关联功能，由三维直接自动生成二维工程图；可以进行产品数据共享与集成等。这是二维绘图无法比拟的。

自 20 世纪 90 年代以来，计算机网络已成为计算机发展进入新时代的标志。局域网和 Internet 的普及对三维 CAD 技术的影响从深度和广度上来说都非常巨大。引入网络技术，把 Internet 作为系统的扩展部分，是所有三维 CAD 系统的一个发展方向。

一个大中型产品的设计不是一个人或少数几个人就能够完成的，产品的设计开发需要不同地域、不同部门的工程师密切合作。三维 CAD 技术使得设计人员之间的交流更容易，减少了交流过程中的不必要错误，网络交流更便捷。大型三维 CAD 系统为适应这种分布式设计制造模式而提供了许多基于网络的解决方案。通过 Internet/Intranet 可以让身处不同地理位置的工程师实时观察、操作同一产品模型，进行并行设计，加快产品开发速度。

计算机技术在设计中的应用已从以往的计算、绘图和制造发展到当今的三维建模、虚拟制造、智能设计及 CAD/CAE/CAM 集成阶段，使设计和生产一体化，形成数字化工厂的概念。数字化工厂是按照虚拟制造的原理开发的软件，它为企业的数字化产品提供了从设计、工艺、制造、装配、分析、检测以及维护的全过程的仿真，是企业实现虚拟制造的强有力的工具。

目前，业界的普遍观点是三维 CAD 难以在短时间取代二维 CAD，因为二维工程图不仅在各行各业积累了大量的、极具价值的技术资料，而且形成了各专业的标准及规范等，这些目前还在工业领域发挥着重要而广泛的作用；此外，以往的工作模式、工程师操作习惯以及三维 CAD 暂时功能上的限制等因素都决定着二维 CAD 在一段时间内还会是重要的应用工具。但是随着设计的越来越复杂，自动化程度越来越高，三维 CAD 将发挥更大的作用，也将占据更加重要的地位，未来的趋势是三维 CAD 肯定会取代二维 CAD，所以早日掌握三维

CAD 技术对设计人员来说是非常必要的。

三维 CAD 应用软件主要有以下两类。

一类是针对某一专门应用领域而研制的软件，比如一些专用模具设计、电器设计、机械零件设计、机床设计，以及汽车、船舶、飞机设计专用软件等。它们的特点是针对特定问题，具有很强的针对性和专用性。

另一类比较常见的是一些专业软件公司开发的通用商品化三维 CAD 应用软件。这类软件一般是集 CAD、CAE、CAM 于一体的计算机辅助设计与制造集成软件，除了几何建模、装配建模、工程图、有限元分析、NC 编程、加工及刀具轨迹仿真等主要模块，还提供钣金设计、电器配线、快速成形、产品数据管理和数据交换等一系列实用性很强的模块，规模较大、功能齐全，可用于多个工业领域，具有较高的知名度，如 UG、CATIA、Pro/Engineer、SolidWorks 以及国产软件 CAXA 等。本章将简要介绍一下上述三维 CAD 软件的主要功能模块及一般的使用方法。

11.1 三维 CAD 软件的草绘功能

草绘功能是指绘制建立三维模型时所要使用的轨迹线或截面等图形。

在利用三维 CAD 软件进行草绘过程中，经常使用的术语如下。

- 图元：指构成截面的任何元素，如直线、圆、圆弧、样条曲线、点或坐标系等。
- 尺寸：确定图元的形状或图元之间相对位置关系的量度。
- 约束：定义图元几何或图元之间关系的条件。约束定义后，其约束符号会出现在被约束的图元旁边。
- 关系：关联尺寸和/或参数的等式。例如，可使用一个关系将一条直线的长度设置为另一条直线的两倍。
- 冲突：两个或多个强尺寸或强约束产生矛盾或多余条件。出现这种情况时，必须删除一个不需要的约束或尺寸。

与传统的绘图模式不同，三维 CAD 软件进行草绘时，采用参数化的设计方法，通过几何约束和尺寸约束来确定图元的定形、定位尺寸。无论欠约束还是过约束，系统都会给出相应的提示，以保证图形的准确性。如图 11-1 所示，任意位置、任意形状的四边形在添加相应

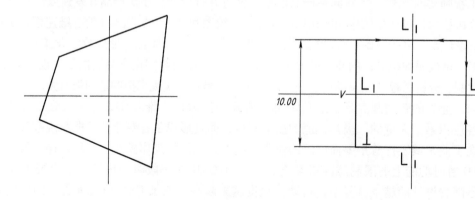

图 11-1   使用几何约束和尺寸约束

的几何约束和尺寸约束后成为中心位于原点、边长为 10 的正方形。

三维 CAD 软件中的主要几何约束见表 11-1。

表 11-1 三维 CAD 软件中的主要几何约束

约束类型按钮	约束实现的功能	约束显示符号
$\updownarrow$	使直线或两顶点竖直	H 或 − −
$\longleftrightarrow$	使直线或两顶点水平	V 或 ¦
$\perp$	使两图元垂直	$\perp$
$\curlywedge$	使两图元（圆与圆、直线与圆）相切	T
＼	把一点放在线的中间	M
$\odot$	使两点重合或两线共线	○ 或 ＼
$\dashv$	使两点或顶点对称于中心线	$\rightarrow\!\!\leftarrow$
=	创建相等长度、相等半径或相等曲率	等长 L_1、L_2，等半径 R_1、R_2
//	使两直线平行	$//_1$

在绘制二维草图过程中，可以先画出大致形状，然后分别添加几何约束和尺寸约束，以获得最终效果，添加时需要注意以下几点。

- 尺寸的修改应在建立完约束以后进行。
- 如果要修改的尺寸大小与设计的尺寸相差太大，应该用变换图元的方法将要修改尺寸的图元变换到与设计尺寸相近，然后再修改尺寸值。
- 注意要修改的尺寸的顺序，先修改对截面外观影响不大的尺寸。
- 调整尺寸的位置，将草图的尺寸移至合适的位置。

11.2 三维 CAD 软件的建模功能

常见的三维 CAD 应用软件的建模功能主要包括布尔运算、实体建模、曲面建模等。

11.2.1 布尔运算

布尔是英国的数学家，在 1847 年发明了处理二值之间关系的逻辑数学计算法，包括联合、相交、相减。在图形处理操作中引用了这种逻辑运算方法以使简单的基本图形组合产生新的形体，并由二维布尔运算发展到三维图形的布尔运算，三维 CAD 中的布尔运算能在三维实体或处在同一平面的面域之间运行。以下仅对三维实体说明。

1. 布尔和（UNION）

将两个三维实体合并，相交的部分将被删除，运算完成后两个实体将成为一个实体特征。

2. 布尔差（SUBTRACT）

从一个三维实体中减去另一个三维实体。

3. 布尔交（INTERSECTION）

将两个造型相交的部分保留下来，删除不相交的部分。

11.2.2 基本建模

拉伸、旋转和扫描是三维 CAD 软件中最基本的建模方法。

1. 拉伸建模方法

拉伸建模是将草绘截面沿着与草绘平面垂直的方向拉伸而形成的。它适合于构造等截面的实体特征，是三维 CAD 软件中最基本的、经常使用的零件造型方法。图 11-2 所示为由一个截面图形拉伸生成的槽钢实体。

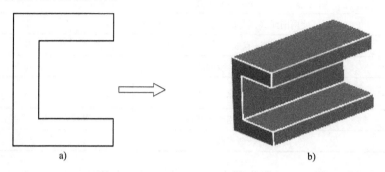

图 11-2 拉伸生成槽钢实体

a）草绘截面 b）槽钢实体

2. 旋转特征

旋转建模是将截面绕着一条中心轴线旋转而形成的实体特征。它适合于构造回转体零件。

要创建一个旋转特征，在绘制截面的时候必须绘制或指明一条用于旋转的中心线。图 11-3 所示为由截面图形旋转生成阶梯轴实体。

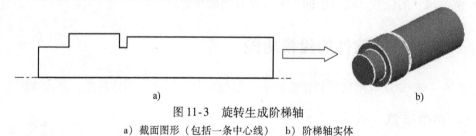

图 11-3 旋转生成阶梯轴

a）截面图形（包括一条中心线） b）阶梯轴实体

3. 扫描特征

扫描建模是将截面沿着一条给定的轨迹线垂直移动而形成的实体特征。创建旋转特征，必须定义特征的两大要素：扫描轨迹和扫描截面。图 11-4 所示为由截面图形扫描生成实体。

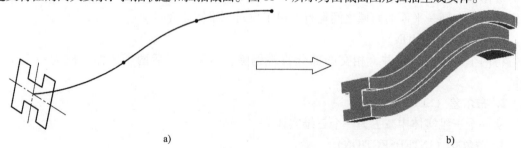

图 11-4 扫描生成实体

a）扫描轨迹与扫描截面 b）扫描实体

11.2.3 曲面

三维 CAD 软件中最常见的曲面造型方法如下。

1. 拉伸建模方法

母线沿直线路径拉伸成曲面，如图 11-5 所示。

图 11-5 拉伸曲面

2. 回转曲面

母线绕轴线按一定角度旋转所生成的曲面，如图 11-6 所示。

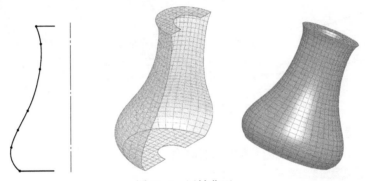

图 11-6 回转曲面

3. 扫描曲面

母线沿引导线扫描所生成的曲面，如图 11-7 所示。

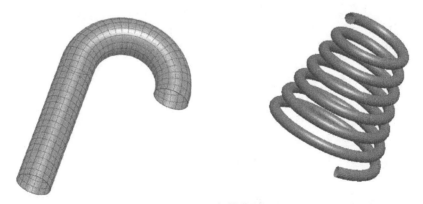

图 11-7 扫描曲面

4. 混合曲面

利用两个或两个以上截面所生成的曲面，如图 11-8 所示。

5. 边界曲面

由 4 条首尾相连的边界所生成的曲面，如图 11-9 所示。

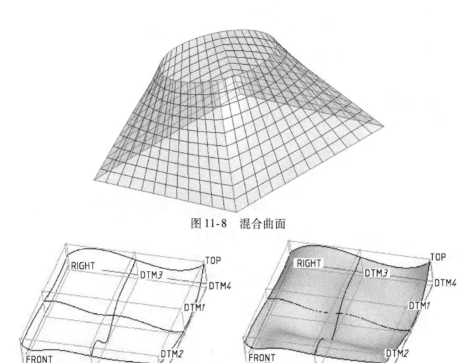

图 11-8　混合曲面

图 11-9　边界曲面

6. 控制点构造曲面

通过定义一系列控制点的坐标所生成的曲面,如图 11-10 所示。

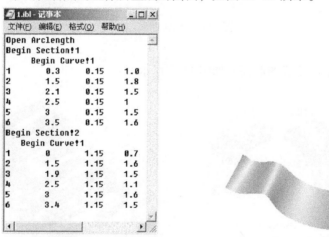

图 11-10　控制点的坐标文件及其所生成的曲面

11.3　三维 CAD 软件的装配模块

在完成单个零件的特征创建之后,使用零件装配模块可以将多个零件进行安装配合,从而生成复杂的组件、部件。在装配过程中,可以检验零件设计是否合理、各组成零件之间是否有干涉情况的发生、零件与零件之间的相对位置如何、使用何种关系对位置进行约束。

184

多个零件经过装配约束，形成一个装配体后，这个装配体还可以作为另一个装配的部件进行再一次的装配，形成更复杂的装配体。而实际情况也如此，在创建一个大的零件装配模型时，通常是首先把基本零件分组进行第一步的装配，形成不同的子装配体；然后再将这些子装配体进行配合，形成更大的装配模型。

在装配过程中，已经存在的、或者是首先被创建（调入）的零件是父零件，后创建（调入）的零件为子零件。零件装配的过程也是零件之间父子关系形成的过程，所以在删除、修改确定了父子关系的零件时必须要注意它们之间的关系。例如在删除零件时，子零件的删除不会影响父零件；而删除父零件时，与之相关的子零件也将被同时删除，因此不能随意地删除一个父零件，而且在进行零件装配时，必须要合理选择第一个零件。它应该是整个装配体中最为关键的零件，在以后的装配过程中它也是最不会被删除的零件。

通常创建一个装配体的过程如下。

1）创建新的装配体文件。

2）调入基础零件模型。通过约束关系，确定零件的位置。

3）调入要装配的第二个零件模型。分析两个零件之间的装配约束关系，并选择相应的约束选项装配零件。装配约束是指一个零件模型相对于另一零件模型的放置方式和偏距。装配约束的类型包括匹配、对齐、插入等。

4）调入与装配模型有关的其他零件模型进行装配。

装配体模型与装配零件使用的是同一数据库，如果修改零件模型，则装配体模型自动修改。如果要复制装配体模型文件，则必须同时复制它所包含的零件模型文件，否则系统将给出缺少零件模型的错误信息。

图 11-11 所示为千斤顶的装配图及其分解图。

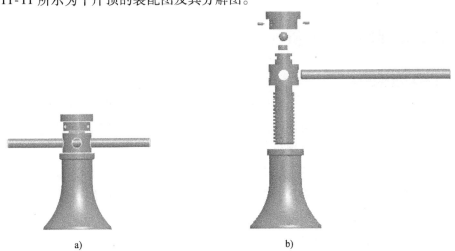

图 11-11　千斤顶的装配图及其分解图

a）装配图　b）分解图

11.4　三维 CAD 软件的工程图模块

所有三维 CAD 软件均提供了功能强大的工程图模块。它能够根据创建好的零件模型或装配模型生成对应的工程图，并且可以实现工程图上的尺寸标注、公差标注、文本注释等，如图 11-12 所示。此外三维 CAD 软件还提供了与其他软件的接口，可以方便地输出或输入工程图文件。

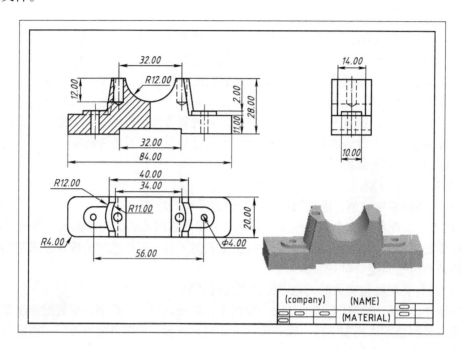

图 11-12　工程图

11.5　计算机辅助工程分析（CAE）

1. 仿真分析模块概述

高级仿真模块是专门针对设计工程师和专业分析人员而开发的，是一个集成的 CAE 工具。在完成零件的三维建模后，可进入该模块，将几何模型转化为有限元模型进行结构分析和优化分析等工作，并将其结果可视化。

在高级仿真模块中提供了许多标准解算器，包括 NX Nastran、MSC Nastran、ANSYS 和 ABAQUS。在仿真中创建网格和解法时需要指定将要用于解算模型的解算器以及分析类型。

高级仿真模块功能强大、使用方便，其主要特点概括如下。

（1）界面友好，交互操作简单

用户在操作时，只需自动划分网格、指定材料属性，再指定载荷、边界条件即可进行计算求解。

（2）结构关联性好

当设计模型修改后，可自动更新分析结果。同时也可利用优化分析的结果更新设计模型。对于同一零件或部件可以建立和管理多个分析方案，每个分析方案都与设计模型相关联，因此可以根据分析结果选择最佳方案更新设计模型。

（3）强大的网格划分功能

高级仿真模块支持完整的单元类型（1D、2D、3D），并可以在尽可能减少单元数的基础上提供高质量的网格。此外，用户还可以通过控制特定的网格公差来控制复杂几何体的局部、细部网格划分。

（4）强大的前、后处理功能

仿真分析模块不仅可以理想化模型，略去一些不重要特征，保留关键特征，从而得到理想的分析结果；而且可进行几何体简化，方便用户根据分析需要来定制 CAD 几何体。分析结果可视化，以图形的形式显示节点和单元的数据，简单明了，还可用动画方式显示结构分析和模态分析的结果。

（5）集成性强

仿真分析模块与其他模块集成在一起，用户不仅可以快速完成分析工作，而且可以在各个模块间自由地切换。

2. 仿真分析模块中的文件体系

在仿真模块中，将利用 4 个在显示上独立但内部数据相关联的文件（或者说模型）存储信息并进行仿真分析。

（1）设计模型文件

设计模型也称为主模型，是供各模型共同引用的零件模型。主模型在零件建模模块中建立，可同时被装配、工程图、加工、运动分析和仿真分析模块引用。若修改主模型，则其他相关引用自动更新。

（2）理想化模型文件

理想化模型沿用设计模型的几何信息，与设计模型相关联。利用理想化工具，用户可以在理想化模型上对设计特征作简化，这种简化不会影响设计模型。通过简化，略去对分析影响不大的特征，保留主要特征，以利于划分网格和解算。例如，抑制主模型中的圆角特征以使问题简化。一个设计模型可以根据不同类型分析的需要，建立多个理想化模型。

（3）有限元模型文件

有限元模型沿用理想化模型的几何信息，但在建立网格后，可利用几何体简化工具移去影响网格质量的细长面、小边缘等对象，该操作不会影响理想化模型和主模型。

除划分网格外，有限元模型中还应赋予零件物理特性和材料，为建立解算方案做准备。

对于同一理想化模型，可以根据不同分析类型的需要建立多个有限元模型。

（4）仿真分析模型

仿真文件在沿用有限元模型数据的基础上包含所有的仿真数据，如载荷、边界条件、解算设置、单元相关数据和物理特性等。

对于同一有限元模型亦可建立多个解算方案。

一个实体模型的仿真分析过程如图 11-13 ~ 图 11-16 所示。

3. 机构运动仿真与动力学分析

运动仿真和动力学分析是在虚拟环境中模拟现实机构的运动。对于提高设计效率、降低成本、缩短设计周期有很大的作用。

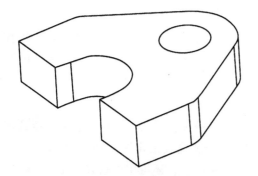

图 11-13 零件的实体模型

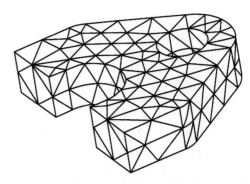

图 11-14 零件的网格模型

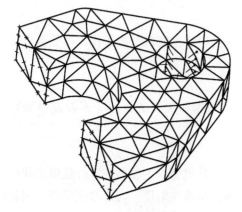

图 11-15 添加荷载与约束

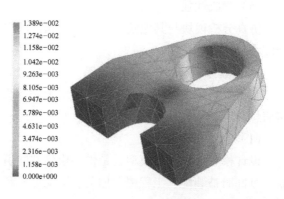

图 11-16 应力分布图

　　运动仿真是使用机械设计功能创建机构，定义特定运动副，创建使其能够运动的伺服电动机，实现机构的运动模拟。运动仿真是在不考虑作用于机构系统上的力（如重力、摩擦力等）的情况下分析机构运动，并对主体位置、速度和加速度进行测量。

　　动力学分析是使用机械动态功能，在机构上定义力、力矩、弹簧及阻尼等特征和材料密度等基本属性，使其更加接近现实中的机构，达到真实模拟现实的目的。其分析流程与运动仿真分析流程基本上是一致的。只是流程中的内容不同。

　　进行机构运动仿真及动力分析，首先需要创建机构的运动模型，将设计好的零件在装配环境下用适当的方法连接起来组成机构。例如，Pro/E 提供的连接定义有：刚性连接、销钉连接、滑动杆连接、圆柱连接、平面连接、球连接焊接、轴承、常规、6DOF（自由度）和槽。连接与装配中的约束不同，约束完全消除元件的自由度，而连接都具有一定的自由度，可以进行一定的运动。

　　（1）运动仿真实例 - 齿轮机构

　　首先按照第参数化建模的方法建立齿轮一和齿轮二的模型。利用相应的连接建立齿轮副的装配模型，查看运动状态后，添加伺服电动机，选择分析类型为"运动学"，输入运行时间并执行运动分析，采用动画播放器可以录制如图 11-17 所示的仿真画面。

　　（2）动力学分析实例 - 凸轮机构

图 11-17 齿轮运动仿真画面

首先根据运动件的运动规律确定凸轮的轮廓，建立凸轮、滑动杆、滚子、机架零件模型后，利用预定义连接条件进行组装，建立装配模型。设置运动分析条件，建立如图 11-18 所示的运动分析模型。通过运动仿真，查看凸轮机构的运行情况，得到从动件的位移、速度和加速度曲线，与设计要求相比较，验证是否完全满足设计要求，然后进行动力学分析。

在动力学分析中，首先添加质量属性，然后建立如图 11-19 所示弹簧连接，再定义动态分析，运行后就可以得到轴向力、法向接触力、扭矩和弹簧力等测量结果，最后利用动态分析所得参数进行可靠性分析，查看机构是否能够正常运转，安全可靠。

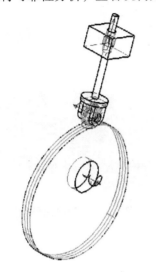 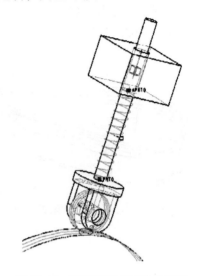

图 11-18　凸轮机构运动分析模型图　　　　图 11-19　弹簧的起点和终点设置

11.6　计算机辅助制造（CAM）

在三维 CAD 软件中加工过程设置流程与实际加工的流程相似，如图 11-20 所示。

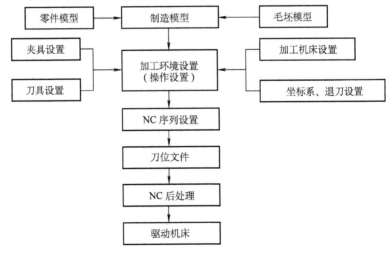

图 11-20　加工过程设置流程

加工过程设置流程依次为：首先创建加工所需要的参照模型与工件，并使用装配的方法把它们装配在一起，生成加工所需的制造模型；根据要加工的零件表面设置操作，选择合适的机床、加工刀具和夹具等，即进行加工环境的设置；在操作数据设置好之后，便可进行加工工序的具体定义，此时应根据实际的加工环境选择合适的走刀方式、设置相关的参数，系统根据选择的走刀方式自动计算出加工刀具的轨迹，并生成刀位文件；但刀位文件不能直接用来驱动机床进行数控加工，因此必须进行后置处理，后置处理时要根据所使用的机床，选择对应的后置处理程序，从而生成能够运用于生产的数控加工程序；最后将此程序传输到数控机床，完成实际的加工操作。

　　图 11-21 和图 11-22 分别为刀位和 NC 检测过程的演示，图 11-23 所示为生成的刀位文件。

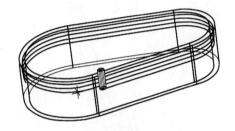

图 11-21　屏幕演示刀位

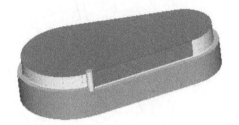

图 11-22　NC 检测过程演示

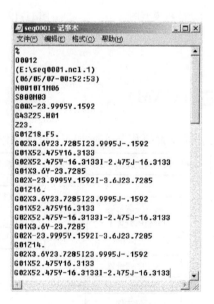

图 11-23　生成的刀位文件

附　　录

附录 A　螺纹

1. 普通螺纹（GB/T 193—2003 和 GB/T 196—2003）

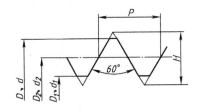

标记示例：

公称直径24mm，螺距3mm的粗牙右旋普通螺纹：

M24

公称直径24mm，螺距1.5mm的细牙左旋普通螺纹：

M24×1.5LH

附表1　普通螺纹基本尺寸　　　　　　　（单位：mm）

公称直径 D、d		螺距 P		粗牙小径 D_1、d_1	公称直径 D、d		螺距 P		粗牙小径 D_1、d_1
第一系列	第二系列	粗牙	细牙		第一系列	第二系列	粗牙	细牙	
3		0.5	0.35	2.459		22	2.5	2,1.5,1	19.294
	3.5	0.6		2.850	24		3		20.752
4		0.7		3.242		27	3		23.752
	4.5	0.75	0.5	3.688	30		3.5	(3),2,1.5,1	26.211
5		0.8		4.134		33	3.5	(3),2,1.5	29.211
6		1	0.75	4.917	36		4	3,2,1.5	31.670
8		1.25	1,0.75	6.647		39	4		34.670
10		1.5	1.25,1,0.75	8.376	42		4.5		37.129
12		1.75	1.5,1.25,1	10.106		45	4.5		40.129
	14	2	1.5,1.25[①],1	11.835	48		5	4,3,2,1.5	42.587
16		2	1.5,1	13.835		52	5		46.587
	18	2.5	2,1.5,1	15.294	56		5.5		50.046
20		2.5	2,1.5,1	17.294					

注：1. 优先选用第一系列，括号内尺寸尽可能不用。

　　2. 公称直径 D、d 第三系列未列入。

　　3. 中径 D_2、d_2 未列入。

① M14×1.25 仅用于火花塞。

2. 55°非密封管螺纹 （GB/T 7307—2001）

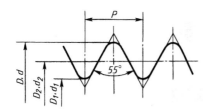

标记示例：

1/2 A 级右旋外螺纹：

G 1/2 A

1/2 B 级左旋外螺纹：

G 1/2 B – LH

1/2 右旋内螺纹：

G 1/2

附表2　55°非密封管螺纹尺寸代号及基本尺寸　　　　　（单位：mm）

尺寸代号	每25.4mm 内的牙数 n	螺距 P	基 本 直 径		
			大 径 $d = D$	中 径 $d_2 = D_2$	小 径 $d_1 = D_1$
1/16	28	0.907	7.723	7.142	6.561
1/8	28	0.907	9.728	9.147	8.566
1/4	19	1.337	13.157	12.301	11.445
3/8	19	1.337	16.662	15.806	14.950
1/2	14	1.814	20.955	19.793	8.631
5/8	14	1.814	22.911	21.749	20.587
3/4	14	1.814	26.441	25.279	24.117
7/8	14	1.814	30.201	29.039	27.877
1	11	2.309	33.249	31.770	30.291
1⅛	11	2.309	37.897	36.418	34.939
1¼	11	2.309	41.910	40.431	38.952
1½	11	2.309	47.803	46.324	44.845
1¾	11	2.309	53.746	52.267	50.788
2	11	2.309	59.614	58.135	56.656
2¼	11	2.309	65.710	64.231	62.752
2½	11	2.309	75.184	73.705	72.226
2¾	11	2.309	81.534	80.055	78.576
3	11	2.309	87.884	86.405	84.926
3½	11	2.309	100.330	98.851	97.372
4	11	2.309	113.030	111.551	110.072
4½	11	2.309	125.730	124.251	122.772
5	11	2.309	138.430	136.951	135.472
5½	11	2.309	151.130	149.651	148.172
6	11	2.309	163.830	162.351	160.872

附录 B　常用标准件

1. 六角头螺栓

六角头螺栓　C 级（GB/T 5780—2000）　　　六角头螺栓　A 级和 B 级（GB/T 5782—2000）

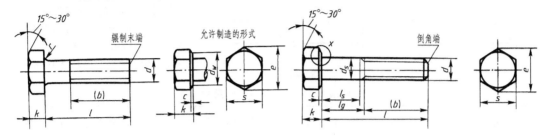

标记示例：

螺纹规格 $d = M12$，公称长度 $l = 80$mm、性能等级 8.8 级、表面氧化、A 级的六角头螺栓：

螺栓　GB/T 5782　M12 × 80

附表3　六角头螺栓各部分尺寸　　　　　　　　　　　　（单位：mm）

螺纹规格 d			M3	M4	M5	M6	M8	M10	M12	M16	M20	M24	M30	M36	M42
b 参考	$l \leq 125$		12	14	16	18	22	26	30	38	46	54	66	78	—
	$125 < l \leq 200$		—	—	—	28	32	36	44	52	60	72	84	96	
	$l > 200$		—	—	—	—	—	—	57	65	73	85	97	109	
c			0.4	0.4	0.5	0.5	0.6	0.6	0.6	0.8	0.8	0.8	0.8	0.8	1
d_W/ min	产品 等级	A	4.57	5.88	6.88	8.88	11.63	14.63	16.63	22.49	28.19	33.61	—	—	—
		B、C	4.45	5.74	6.74	8.74	11.47	14.47	16.47	22	27.7	33.25	42.75	51.11	59.95
e/ min	产品 等级	A	6.01	7.66	8.79	11.05	14.38	17.77	20.03	26.75	33.53	39.98	—	—	—
		B、C	5.88	7.50	8.63	10.89	14.20	17.59	19.85	26.17	32.95	39.55	50.85	60.79	71.3
k 公称			2	2.8	3.5	4	5.3	6.4	7.5	10	12.5	15	18.7	22.5	26
r			0.1	0.2	0.2	0.25	0.4	0.4	0.6	0.6	0.8	0.8	1	1	1.2
s 公称			5.5	7	8	10	13	16	18	24	30	36	46	55	65
l（商品规格范围）			20 ~ 30	25 ~ 40	25 ~ 50	30 ~ 60	35 ~ 80	40 ~ 100	45 ~ 120	55 ~ 160	65 ~ 200	80 ~ 240	90 ~ 300	110 ~ 360	130 ~ 400
l 系列			20, 25, 30, 35, 40, 45, 50, (55), 60, (65), 70, 80, 90, 100, 110, 120, 130 140, 150, 160, 180, 200, 220, 240, 260, 280, 300, 320, 340, 360, 380, 400												

注：1. A 级用于 $d \leq 24$ 和 $l \leq 10d$ 或 ≤ 150mm 的螺栓；

B 级用于 $d > 24$ 和 $l > 10d$ 或 > 150mm 的螺栓。

2. 括号内的规格尽可能不采用。

2. 双头螺柱

GB/T 897—1988（$b_m = 1d$）　　　　　　GB/T 898—1988（$b_m = 1.25d$）

GB/T 899—1988（$b_m = 1.5d$）　　　　　GB/T 900—1988（$b_m = 2d$）

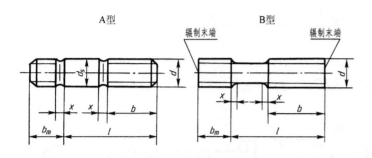

A型　　　　　　　B型

辗制末端　　　　　　　辗制末端

标记示例：

两端均为粗牙普通螺纹，$d = 10mm$，$l = 50mm$，性能等级为 4.8 级，B 型，$b_m = 1d$ 的双头螺柱：

螺柱　GB/T 897—1988　M10×50

旋入一端为粗牙普通螺纹，旋螺母一端为螺距 $P = 1mm$ 的细牙普通螺纹，$d = 10mm$，$l = 50mm$，性能等级为 4.8 级，A 型，$b_m = 1d$ 的双头螺柱：

螺柱　GB/T 898—1988　AM10×1×50

附表4　双头螺柱各部分尺寸　　　　　　　　（单位：mm）

螺纹规格		M5	M6	M8	M10	M12	M16	M20	M24	M30	M36	M42
b_m	GB/T 897—1988	5	6	8	10	12	16	20	24	30	36	42
	GB/T 898—1988	6	8	10	12	15	20	25	30	38	45	52
	GB/T 899—1988	8	10	12	15	18	24	30	36	45	54	65
	GB/T 900—1988	10	12	16	20	24	32	40	48	60	72	84
d_s		5	6	8	10	12	16	20	24	30	36	42
$\dfrac{l}{b}$		$\dfrac{16\sim22}{10}$	$\dfrac{20\sim22}{10}$	$\dfrac{20\sim22}{12}$	$\dfrac{25\sim28}{14}$	$\dfrac{25\sim30}{16}$	$\dfrac{30\sim38}{20}$	$\dfrac{35\sim40}{25}$	$\dfrac{45\sim50}{30}$	$\dfrac{60\sim65}{40}$	$\dfrac{65\sim75}{45}$	$\dfrac{65\sim80}{50}$
		$\dfrac{25\sim50}{16}$	$\dfrac{25\sim30}{14}$	$\dfrac{25\sim30}{16}$	$\dfrac{30\sim38}{16}$	$\dfrac{32\sim40}{20}$	$\dfrac{40\sim55}{30}$	$\dfrac{45\sim65}{35}$	$\dfrac{55\sim75}{45}$	$\dfrac{70\sim90}{50}$	$\dfrac{80\sim110}{60}$	$\dfrac{85\sim110}{70}$
			$\dfrac{32\sim75}{18}$	$\dfrac{32\sim90}{22}$	$\dfrac{40\sim120}{26}$	$\dfrac{45\sim120}{30}$	$\dfrac{60\sim120}{38}$	$\dfrac{70\sim120}{46}$	$\dfrac{80\sim120}{54}$	$\dfrac{95\sim120}{60}$	$\dfrac{120}{78}$	$\dfrac{120}{90}$
					$\dfrac{130}{30}$	$\dfrac{130\sim180}{36}$	$\dfrac{130\sim200}{44}$	$\dfrac{130\sim200}{52}$	$\dfrac{130\sim200}{60}$	$\dfrac{130\sim200}{72}$	$\dfrac{130\sim200}{84}$	$\dfrac{130\sim200}{96}$
										$\dfrac{210\sim250}{85}$	$\dfrac{210\sim300}{91}$	$\dfrac{210\sim300}{109}$
l 系列		16,(18),20,(22),25(28),30,(32),35,(38),40,45,50,(55),60,(65),70,(75),80,(85),90,(95),100,110,120,130,140,150,160,170,180,190,200,210,220,230,240,250,260,280,300										

注：P 是粗牙螺纹的螺距。

3. 开槽圆柱头螺钉（GB/T 65—2000）

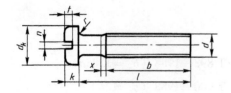

标记示例：

螺纹规格 $d = M5$，公称长度 $l = 20mm$，性能等级为 4.8 级，不经表面处理的开槽圆柱头螺钉：

螺钉　GB/T 65—2000　M5×20

螺纹规格 d	M4	M5	M6	M8	M10
P（螺距）	0.7	0.8	1	1.25	1.5
b	38	38	38	38	38
d_k	7	8.5	10	13	16
k	2.6	3.3	3.9	5	6
n	1.2	1.2	1.6	2	2.5
r	0.2	0.2	0.25	0.4	0.4
t	1.1	1.3	1.6	2	2.4
公称长度 l	5～40	6～20	8～60	10～80	12～80
l 系列	5, 6, 8, 10, 12, (14), 16, 20, 25, 30, 35, 40, 45, 50, (55), 60, (65), 70, (75), 80				

注：1. 公称长度 $l \leqslant 40$mm 的螺钉，制出全螺纹。
　　2. 括号内的规格尽可能不采用。

4. 螺母

1 型六角螺母—A 和 B 级
GB/T 6170—2000

2 型六角螺母—A 和 B 级
GB/T 6175—2000

六角薄螺母—A 和 B 级
倒角 GB/T 6172.1—2000

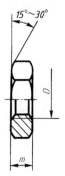

标记示例：

螺纹规格 D = M12，性能等级为 8 级，表面氧化，A 级的 1 型六角螺母：

　　　　　螺母　GB/T 6170　M12

性能等级为 9 级的 2 型六角螺母：

　　　　　螺母　GB/T 6175　M12

性能等级为 04 级，不经表面处理的薄螺母：

　　　　　螺母　GB/T 6172　M12

附表 6　螺母各部分尺寸　　　　　　　　　　（单位：mm）

螺纹规格 D		M3	M4	M5	M6	M8	M10	M12	M16	M20	M24	M30	M36
e	min	6.01	7.66	8.79	11.05	14.38	17.77	20.03	26.75	32.95	39.55	50.85	60.79
s	max	5.5	7	8	10	13	16	18	24	30	36	46	55
	min	5.32	6.78	7.78	9.78	12.73	15.73	17.73	23.67	29.16	35	45	53.8
c	max	0.4	0.4	0.5	0.5	0.6	0.6	0.6	0.8	0.8	0.8	0.8	0.8

螺纹规格 D		M3	M4	M5	M6	M8	M10	M12	M16	M20	M24	M30	M36
d_a	min	4.6	5.9	6.9	8.9	11.6	14.6	16.6	22.5	27.7	33.2	42.7	51.1
d_a	max	3.45	4.6	5.75	6.75	8.75	10.8	13	17.3	21.6	25.9	32.4	38.9
GB/T 6170 m	max	2.4	3.2	4.7	5.2	6.8	8.4	10.8	14.8	18	21.5	25.6	31
	min	2.15	2.9	4.4	4.9	6.44	8.04	10.37	14.1	16.9	20.2	24.3	29.4
GB/T 6172 m	max	1.8	2.2	2.7	3.2	4	5	6	8	10	12	15	18
	min	1.55	1.95	2.45	2.9	3.7	4.7	5.7	7.42	9.10	10.9	13.9	16.9
GB/T 6175 m	max	—	—	5.1	5.7	7.5	9.3	12	16.4	20.3	23.9	28.6	34.7
	min	—	—	4.8	5.4	7.14	8.94	11.57	15.7	19	22.6	27.3	33.1

注：1. 14.38 在 GB/T 6172 中为 14.28。

2. 产品等级 A、B 是由公差取值大小决定的，A 级公差数值小，A 级用于 $D \leqslant 16$ 的螺母，B 级用于 $D > 16$ 的螺母。

5. 平垫圈

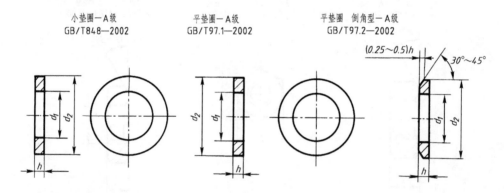

小垫圈—A级
GB/T848—2002

平垫圈—A级
GB/T97.1—2002

平垫圈 倒角型—A级
GB/T97.2—2002

$(0.25\sim0.5)h$

$30°\sim45°$

标记示例：

标准系列、公称尺寸 $d = 8$ mm，性能等级为 140HV 级，不经表面处理的平垫圈：

垫圈　GB/T 97.1—2002　8

附表 7　垫圈各部分尺寸　　　　　（单位：mm）

公称尺寸（螺纹规格 d）		3	4	5	6	8	10	12	16	20	24	30
d_1		3.2	4.3	5.3	6.4	8.4	10.5	13	17	21	25	31
d_2	GB/T 848—2002	6	8	9	11	15	18	20	28	34	39	50
	GB/T 97.1—2002 GB/T 97.2—2002	7	9	10	12	16	20	24	30	37	44	56
h	GB/T 848—2002	0.5	0.5	1	1.6	1.6	1.6	2	2.5	3	4	4
	GB/T 97.1—2002 GB/T 97.2—2002	0.5	0.8	1	1.6	1.6	2	2.5	3	3	4	4

6. 平键的剖面及键槽（GB/T 1095—2003）

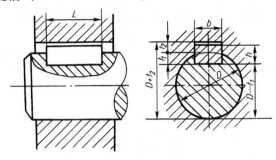

附表8　平键的剖面及键槽的各部分尺寸　　　　　　　　　　（单位：mm）

轴 径 D		6~8	>8 ~10	>10 ~12	>12 ~17	>17 ~22	>22 ~30	>30 ~38	>38 ~44	>44 ~50	>50 ~58	>58 ~65	>65 ~75	>75 ~85	>85 ~95	>95 ~110	>110 ~130
键的公称尺寸	b	2	3	4	5	6	8	10	12	14	16	18	20	22	25	28	32
	h	2	3	4	5	6	7	8	8	9	10	11	12	14	14	16	18
键槽深	轴 t_1	1.2	1.8	2.5	3.0	3.5	4.0	5.0	5.0	5.5	6.0	7.0	7.5	9.0	9.0	10	11
	毂 t_2	1.0	1.4	1.8	2.3	2.8	3.3	3.3	3.3	3.8	4.3	4.4	4.9	5.4	5.4	6.4	7.4
半 径	r	最小 0.08 ~ 最大 0.16			最小 0.16 ~ 最大 0.25			最小 0.25 ~ 最大 0.40					最小 0.40 ~ 最大 0.60				

7. 开口销（GB/T 91—2000）

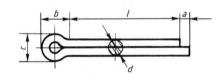

允许制造的形式

标记示例：

公称规格 5mm，长度 l = 50mm，材料为低碳钢，不经表面处理的开口销：

销　GB/T 91　5×50

附表9　开口销的各部分尺寸　　　　　　　　　　（单位：mm）

公称规格		0.6	0.8	1	1.2	1.6	2	2.5	3.2	4	5	6.3	8	10
d	max	0.5	0.7	0.9	1.0	1.4	1.8	2.3	2.9	3.7	4.6	5.9	7.5	9.5
	min	0.4	0.6	0.8	0.9	1.3	1.7	2.1	2.7	3.5	4.4	5.7	7.3	9.3
c	max	1	1.4	1.8	2	2.8	3.6	4.6	5.8	7.4	9.2	11.8	15	19
	min	0.9	1.2	1.6	1.7	2.4	3.2	4	5.1	6.5	8	10.3	13.1	16.6
$b \approx$		2	2.4	3	3	3.2	4	5	6.4	8	10	12.6	16	20
a_{max}		1.6	1.6	1.6	2.5	2.5	2.5	2.5	3.2	4	4	4	4	6.3
l（商品规格范围 公称长度）		4 ~ 12	5 ~ 16	6 ~ 20	8 ~ 26	8 ~ 32	10 ~ 40	12 ~ 50	14 ~ 65	18 ~ 80	22 ~ 100	30 ~ 120	40 ~ 160	45 ~ 200
l 系列		4, 5, 6, 8, 10, 12, 14, 16, 18, 20, 22, 24, 26, 28, 30, 32, 36, 40, 45, 50, 55, 60, 65, 70, 75, 80, 85, 90, 95, 100, 120, 140, 160, 180, 200												

附录 C　轴和孔的极限偏差数值

附表 **10**　轴的极限偏差数值

公称尺寸 /mm		a	b		c			d				e		
大于	至	11	11	12	9	10	11	8	9	10	11	7	8	9
—	3	−270 −330	−140 −200	−140 −240	−60 −85	−60 −100	−60 −120	−20 −34	−20 −45	−20 −60	−20 −80	−14 −24	−14 −28	−14 −39
3	6	−270 −345	−140 −215	−140 −260	−70 −100	−70 −118	−70 −145	−30 −48	−30 −60	−30 −78	−30 −105	−20 −32	−20 −38	−20 −50
6	10	−280 −370	−150 −240	−150 −300	−80 −116	−80 −138	−80 −170	−40 −62	−40 −76	−40 −98	−40 −130	−25 −40	−25 −47	−25 −61
10	14	−290 −400	−150 −260	−150 −330	−95 −138	−95 −165	−95 −205	−50 −77	−50 −93	−50 −120	−50 −160	−32 −50	−32 −59	−32 −75
14	18													
18	24	−300 −430	−160 −290	−160 −370	−110 −162	−110 −194	−110 −240	−65 −98	−65 −117	−65 −149	−65 −195	−40 −61	−40 −73	−40 −92
24	30													
30	40	−310 −470	−170 −330	−170 −420	−120 −182	−120 −220	−120 −280	−80 −119	−80 −142	−80 −180	−80 −240	−50 −75	−50 −89	−50 −112
40	50	−320 −480	−180 −340	−180 −430	−130 −192	−130 −230	−130 −290							
50	65	−340 −530	−190 −380	−190 −490	−140 −214	−140 −260	−140 −330	−100 −146	−100 −174	−100 −220	−100 −290	−60 −90	−60 −106	−60 −134
65	80	−360 −550	−200 −390	−200 −500	−150 −224	−150 −270	−150 −340							
80	100	−380 −600	−220 −440	−220 −570	−170 −257	−170 −310	−170 −390	−120 −174	−120 −207	−120 −260	−120 −340	−72 −107	−72 −126	−72 −159
100	120	−410 −630	−240 −460	−240 −590	−180 −267	−180 −320	−180 −400							
120	140	−460 −710	−260 −510	−260 −660	−200 −300	−200 −360	−200 −450	−145 −208	−145 −245	−145 −305	−145 −395	−85 −125	−85 −148	−85 −185
140	160	−520 −770	−280 −530	−280 −680	−210 −310	−210 −370	−210 −460							
160	180	−580 −830	−310 −560	−310 −710	−230 −330	−230 −390	−230 −480							
180	200	−660 −950	−340 −630	−340 −800	−240 −355	−240 −425	−240 −530	−170 −242	−170 −285	−170 −355	−170 −460	−100 −146	−100 −172	−100 −215
200	225	−740 −1030	−380 −670	−380 −840	−260 −375	−260 −445	−260 −550							
225	250	−820 −1110	−420 −710	−420 −880	−280 −395	−280 −465	−280 −570							
250	280	−920 −1240	−480 −800	−480 −1000	−300 −430	−300 −510	−300 −620	−190 −271	−190 −320	−190 −400	−190 −510	−110 −162	−110 −191	−110 −240
280	315	−1050 −1370	−540 −860	−540 −1060	−330 −460	−330 −540	−330 −650							
315	355	−1200 −1560	−600 −960	−600 −1170	−360 −500	−360 −590	−360 −720	−210 −299	−210 −350	−210 −440	−210 −570	−125 −182	−125 −214	−125 −265
355	400	−1350 −1710	−680 −1040	−680 −1250	−400 −540	−400 −630	−400 −760							
400	450	−1500 −1900	−760 −1160	−760 −1390	−440 −595	−440 −490	−440 −840	−230 −327	−230 −385	−230 −480	−230 −630	−135 −198	−135 −232	−135 −290
450	500	−1650 −2050	−840 −1240	−840 −1470	−480 −635	−480 −730	−480 −880							

（GB/T 1800.2—2009）   （单位：μm）

f					g			h							
5	6	7	8	9	5	6	7	5	6	7	8	9	10	11	12
−6	−6	−6	−6	−6	−2	−2	−2	0	0	0	0	0	0	0	0
−10	−12	−16	−20	−31	−6	−8	−12	−4	−6	−10	−14	−25	−40	−60	−100
−10	−10	−10	−10	−10	−4	−4	−4	0	0	0	0	0	0	0	0
−15	−18	−22	−28	−40	−9	−12	−16	−5	−8	−12	−18	−30	−48	−75	−120
−13	−13	−13	−13	−13	−5	−5	−5	0	0	0	0	0	0	0	0
−19	−22	−28	−35	−49	−11	−14	−20	−6	−9	−15	−22	−36	−58	−90	−150
−16	−16	−16	−16	−16	−6	−6	−6	0	0	0	0	0	0	0	0
−24	−27	−34	−43	−59	−14	−17	−24	−8	−11	−18	−27	−43	−70	−110	−180
−20	−20	−20	−20	−20	−7	−7	−7	0	0	0	0	0	0	0	0
−29	−33	−41	−53	−72	−16	−20	−28	−9	−13	−21	−33	−52	−84	−130	−210
−25	−25	−25	−25	−25	−9	−9	−9	0	0	0	0	0	0	0	0
−36	−41	−50	−64	−87	−20	−25	−34	−11	−16	−25	−39	−62	−100	−160	−250
−30	−30	−30	−30	−30	−10	−10	−10	0	0	0	0	0	0	0	0
−43	−49	−60	−76	−104	−23	−29	−40	−13	−19	−30	−46	−74	−120	−190	−300
−36	−36	−36	−36	−36	−12	−12	−12	0	0	0	0	0	0	0	0
−51	−58	−71	−90	−123	−27	−34	−47	−15	−22	−35	−54	−87	−140	−220	−350
−43	−43	−43	−43	−43	−14	−14	−14	0	0	0	0	0	0	0	0
−61	−68	−83	−106	−143	−32	−39	−54	−18	−25	−40	−63	−100	−160	−250	−400
−50	−50	−50	−50	−50	−15	−15	−15	0	0	0	0	0	0	0	0
−70	−79	−96	−122	−165	−35	−44	−61	−20	−29	−46	−72	−115	−185	−290	−460
−56	−56	−56	−56	−56	−17	−17	−17	0	0	0	0	0	0	0	0
−79	−88	−108	−137	−186	−40	−49	−69	−23	−32	−52	−81	−130	−210	−320	−520
−62	−62	−62	−62	−62	−18	−18	−18	0	0	0	0	0	0	0	0
−87	−98	−119	−151	−202	−43	−54	−75	−25	−36	−57	−89	−140	−230	−360	−570
−68	−68	−68	−68	−68	−20	−20	−20	0	0	0	0	0	0	0	0
−95	−108	−131	−165	−223	−47	−60	−83	−27	−40	−63	−97	−155	−250	−400	−630

公称尺寸 /mm		js			k			m			n			p		
大于	至	5	6	7	5	6	7	5	6	7	5	6	7	5	6	7
—	3	±2	±3	±5	+4 0	+6 0	+10 0	+6 +2	+8 +2	+12 +2	+8 +4	+10 +4	+14 +4	+10 +6	+12 +6	+16 +6
3	6	±2.5	±4	±6	+6 +1	+9 +1	+13 +1	+9 +4	+12 +4	+16 +4	+13 +8	+16 +8	+20 +8	+17 +12	+20 +12	+24 +12
6	10	±3	±4.5	±7	+7 +1	+10 +1	+16 +1	+12 +6	+15 +6	+21 +6	+16 +10	+19 +10	+25 +10	+21 +15	+24 +15	+30 +15
10	14	±4	±5.5	±9	+9 +1	+12 +1	+19 +1	+15 +7	+18 +7	+25 +7	+20 +12	+23 +12	+30 +12	+26 +18	+29 +18	+36 +18
14	18															
18	24	±4.5	±6.5	±10	+11 +2	+15 +2	+23 +2	+17 +8	+21 +8	+29 +8	+24 +15	+28 +15	+36 +15	+31 +22	+35 +22	+43 +22
24	30															
30	40	±5.5	±8	±12	+13 +2	+18 +2	+27 +2	+20 +9	+25 +9	+34 +9	+28 +17	+33 +17	+42 +17	+37 +26	+42 +26	+51 +26
40	50															
50	65	±6.5	±9.5	±15	+15 +2	+21 +2	+32 +2	+24 +11	+30 +11	+41 +11	+33 +20	+39 +20	+50 +20	+45 +32	+51 +32	+62 +32
65	80															
80	100	±7.5	±11	±17	+18 +3	+25 +3	+38 +3	+28 +13	+35 +13	+48 +13	+38 +23	+45 +23	+58 +23	+52 +37	+59 +37	+72 +37
100	120															
120	140	±9	±12.5	±20	+21 +3	+28 +3	+43 +3	+33 +15	+40 +15	+55 +15	+45 +27	+52 +27	+67 +27	+61 +43	+68 +43	+83 +43
140	160															
160	180															
180	200	±10	±14.5	±23	+24 +4	+33 +4	+50 +4	+37 +17	+46 +17	+63 +17	+51 +31	+60 +31	+77 +31	+70 +50	+79 +50	+96 +50
200	225															
225	250															
250	280	±11.5	±16	±26	+27 +4	+36 +4	+56 +4	+43 +20	+52 +20	+72 +20	+57 +34	+66 +34	+86 +34	+79 +56	+88 +56	+108 +56
280	315															
315	355	±12.5	±18	±28	+29 +4	+40 +4	+61 +4	+46 +21	+57 +21	+78 +21	+62 +37	+73 +37	+94 +37	+87 +62	+98 +62	+119 +62
355	400															
400	450	±13.5	±20	±31	+32 +5	+45 +5	+68 +5	+50 +23	+63 +23	+86 +23	+67 +40	+80 +40	+103 +40	+95 +68	+108 +68	+131 +68
450	500															

r			s			t			u		v	x	y	z
5	6	7	5	6	7	5	6	7	6	7	6	6	6	6
+14/+10	+16/+10	+20/+10	+18/+14	+20/+14	+24/+14	—	—	—	+24/+18	+28/+18	—	+26/+20	—	+32/+26
+20/+15	+23/+15	+27/+15	+24/+19	+27/+19	+31/+19	—	—	—	+31/+23	+35/+23	—	+36/+28	—	+43/+35
+25/+19	+28/+19	+34/+19	+29/+23	+32/+23	+38/+23	—	—	—	+37/+28	+43/+28	—	+43/+34	—	+51/+42
+31/+23	+34/+23	+41/+23	+36/+28	+39/+28	+46/+28	—	—	—	+44/+33	+51/+33	—	+51/+40	—	+61/+50
						—	—	—			+50/+39	+56/+45	—	+71/+60
+37/+28	+41/+28	+49/+28	+44/+35	+48/+35	+56/+35	—	—	—	+54/+41	+62/+41	+60/+47	+67/+54	+76/+63	+86/+73
						+50/+41	+54/+41	+62/+41	+61/+48	+69/+48	+68/+55	+77/+64	+88/+75	+101/+88
+45/+34	+50/+34	+59/+34	+54/+43	+59/+43	+68/+48	+59/+48	+64/+48	+73/+48	+76/+60	+85/+60	+84/+68	+96/+80	+110/+94	+128/+112
						+65/+54	+70/+54	+79/+54	+86/+70	+95/+70	+97/+81	+113/+97	+130/+114	+152/+136
+54/+41	+60/+41	+71/+41	+66/+53	+72/+53	+83/+53	+79/+66	+85/+66	+96/+66	+106/+87	+117/+87	+121/+102	+141/+122	+163/+144	+191/+172
+56/+43	+62/+43	+73/+43	+72/+59	+78/+59	+89/+59	+88/+75	+94/+75	+105/+75	+121/+102	+132/+102	+139/+120	+165/+146	+193/+174	+229/+210
+66/+51	+73/+51	+86/+51	+86/+71	+93/+71	+106/+71	+106/+91	+113/+91	+126/+91	+146/+124	+159/+124	+168/+146	+200/+178	+236/+214	+280/+258
+69/+54	+76/+54	+89/+54	+94/+79	+101/+79	+114/+79	+119/+104	+126/+104	+139/+104	+166/+144	+179/+144	+194/+172	+232/+210	+276/+254	+332/+310
+81/+63	+88/+63	+103/+63	+110/+92	+117/+92	+132/+92	+140/+122	+147/+122	+162/+122	+195/+170	+210/+170	+227/+202	+273/+248	+325/+300	+390/+365
+83/+65	+90/+65	+105/+65	+118/+100	+125/+100	+140/+100	+152/+134	+159/+134	+174/+134	+215/+190	+230/+190	+253/+228	+305/+280	+365/+340	+440/+415
+86/+68	+93/+68	+108/+68	+126/+108	+133/+108	+148/+108	+164/+146	+171/+146	+186/+146	+235/+210	+250/+210	+277/+252	+335/+310	+405/+380	+490/+465
+97/+77	+106/+77	+123/+77	+142/+122	+151/+122	+168/+122	+186/+166	+195/+166	+212/+166	+265/+236	+282/+236	+313/+284	+379/+350	+454/+425	+549/+520
+100/+80	+109/+80	+126/+80	+150/+130	+159/+130	+176/+130	+200/+180	+209/+180	+226/+180	+287/+258	+304/+258	+339/+310	+414/+385	+499/+470	+604/+575
+104/+84	+113/+84	+130/+84	+160/+140	+169/+140	+186/+140	+216/+196	+225/+196	+242/+196	+313/+284	+330/+284	+369/+340	+454/+425	+549/+520	+669/+640
+117/+94	+126/+94	+146/+94	+181/+158	+190/+158	+210/+158	+241/+218	+250/+218	+270/+218	+347/+315	+367/+315	+417/+385	+507/+475	+612/+580	+742/+710
+121/+98	+130/+98	+150/+98	+193/+170	+202/+170	+222/+170	+263/+240	+272/+240	+292/+240	+382/+350	+402/+350	+457/+425	+557/+525	+682/+650	+822/+790
+133/+108	+144/+108	+165/+108	+215/+190	+226/+190	+247/+190	+293/+268	+304/+268	+325/+268	+426/+390	+447/+390	+511/+475	+626/+590	+766/+730	+936/+900
+139/+114	+150/+114	+171/+114	+233/+208	+244/+208	+265/+208	+319/+294	+330/+294	+351/+294	+471/+435	+492/+435	+566/+530	+696/+660	+856/+820	+1036/+1000
+153/+126	+166/+126	+189/+126	+259/+232	+272/+232	+295/+232	+357/+330	+370/+330	+393/+330	+530/+490	+553/+490	+635/+595	+780/+740	+960/+920	+1140/+1100
+159/+132	+172/+132	+195/+132	+279/+252	+292/+252	+315/+252	+387/+360	+400/+360	+423/+360	+580/+540	+603/+540	+700/+660	+860/+820	+1040/+1000	+1290/+1250

公称尺寸 /mm		A	B		C	D				E		F			
大于	至	11	11	12	11	8	9	10	11	8	9	6	7	8	9
—	3	+330 +270	+200 +140	+240 +140	+120 +60	+34 +20	+45 +20	+60 +20	+80 +20	+28 +14	+39 +14	+12 +6	+16 +6	+20 +6	+31 +6
3	6	+345 +270	+215 +140	+260 +140	+145 +70	+48 +30	+60 +30	+78 +30	+105 +30	+38 +20	+50 +20	+18 +10	+22 +10	+28 +10	+40 +10
6	10	+370 +280	+240 +150	+300 +150	+170 +80	+62 +40	+76 +40	+98 +40	+130 +40	+47 +25	+61 +25	+22 +13	+28 +13	+35 +13	+49 +13
10	14	+400 +290	+260 +150	+330 +150	+205 +95	+77 +50	+93 +50	+120 +50	+160 +50	+59 +32	+75 +32	+27 +16	+34 +16	+43 +16	+59 +16
14	18														
18	24	+430 +300	+290 +160	+370 +160	+240 +110	+98 +65	+117 +65	+149 +65	+195 +65	+73 +40	+92 +40	+33 +20	+41 +20	+53 +20	+72 +20
24	30														
30	40	+470 +310	+330 +170	+420 +170	+280 +120	+119 +80	+142 +80	+180 +80	+240 +80	+89 +50	+112 +50	+41 +25	+50 +25	+64 +25	+87 +25
40	50	+480 +320	+340 +180	+430 +180	+290 +130										
50	65	+530 +340	+380 +190	+490 +190	+330 +140	+146 +100	+174 +100	+220 +100	+290 +100	+106 +60	+134 +60	+49 +30	+60 +30	+76 +30	+104 +30
65	80	+550 +360	+390 +300	+500 +200	+340 +150										
80	100	+600 +380	+440 +220	+570 +220	+390 +170	+174 +120	+207 +120	+260 +120	+340 +120	+126 +72	+159 +72	+58 +36	+71 +36	+90 +36	+123 +36
100	120	+630 +410	+460 +240	+590 +240	+400 +180										
120	140	+710 +460	+510 +260	+660 +260	+450 +200	+208 +145	+245 +145	+305 +145	+395 +145	+148 +85	+185 +85	+68 +43	+83 +43	+106 +43	+143 +43
140	160	+770 +520	+530 +280	+680 +280	+460 +210										
160	180	+830 +580	+560 +310	+710 +310	+480 +230										
180	200	+950 +660	+630 +340	+800 +340	+530 +240	+242 +170	+285 +170	+355 +170	+460 +170	+172 +100	+215 +100	+79 +50	+96 +50	+122 +50	+165 +50
200	225	+1030 +740	+670 +380	+840 +380	+550 +260										
225	250	+1110 +820	+710 +420	+880 +420	+570 +230										
250	280	+1240 +920	+800 +480	+1000 +480	+620 +300	+271 +190	+320 +190	+400 +190	+510 +190	+191 +110	+240 +110	+88 +56	+108 +56	+137 +56	+186 +56
280	315	+1370 +1050	+860 +540	+1060 +540	+650 +330										
315	355	+1560 +1200	+960 +600	+1170 +600	+720 +360	+299 +210	+350 +210	+440 +210	+570 +210	+214 +125	+265 +125	+98 +62	+119 +62	+151 +62	+202 +62
355	400	+1710 +1350	+1040 +680	+1250 +680	+760 +400										
400	450	+1900 +1500	+1160 +760	+1390 +760	+840 +440	+327 +230	+385 +230	+480 +230	+630 +230	+232 +135	+290 +135	+108 +68	+131 +68	+165 +68	+223 +68
450	500	+2050 +1650	+1240 +840	+1470 +840	+880 +480										

（单位：μm）

G		H							JS			K			M		
6	7	6	7	8	9	10	11	12	6	7	8	6	7	8	6	7	8
+8 +2	+12 +2	+6 0	+10 0	+14 0	+25 0	+40 0	+60 0	+100 0	±3	±5	±7	0 -6	0 -10	0 -14	-2 -8	-2 -12	-2 -16
+12 +4	+16 +4	+8 0	+12 0	+18 0	+30 0	+48 0	+75 0	+120 0	±4	±6	±9	+2 -6	+3 -9	+5 -13	-1 -9	0 -12	+2 -16
+14 +5	+20 +5	+9 0	+15 0	+22 0	+36 0	+58 0	+90 0	+150 0	±4.5	±7	±11	+2 -7	+5 -10	+6 -16	-3 -12	0 -15	+1 -21
+17 +6	+24 +6	+11 0	+18 0	+27 0	+43 0	+70 0	+110 0	+180 0	±5.5	±9	±13	+2 -9	+6 -12	+8 -19	-4 -15	0 -18	+2 -25
+20 +7	+28 +7	+13 0	+21 0	+33 0	+52 0	+84 0	+130 0	+210 0	±6.5	±10	±16	+2 -11	+6 -15	+10 -23	-4 -17	0 -21	+4 -29
+25 +9	+34 +9	+16 0	+25 0	+39 0	+62 0	+100 0	+160 0	+250 0	±8	±12	±19	+3 -13	+7 -18	+12 -27	-4 -20	0 -25	+5 -34
+29 +10	+40 +10	+19 0	+30 0	+46 0	+74 0	+120 0	+190 0	+300 0	±9.5	±15	±23	+4 -15	+9 -21	+14 -32	-5 -24	0 -30	+5 -41
+34 +12	+47 +12	+22 0	+35 0	+54 0	+87 0	+140 0	+220 0	+350 0	±11	±17	±27	+4 -18	+10 -25	+16 -38	-6 -28	0 -35	+6 -48
+39 +14	+54 +14	+25 0	+40 0	+63 0	+100 0	+160 0	+250 0	+400 0	±12.5	±20	±31	+4 -21	+12 -28	+20 -43	-8 -33	0 -40	+8 -55
+44 +15	+61 +15	+29 0	+46 0	+72 0	+115 0	+185 0	+290 0	+460 0	±14.5	±23	±36	+5 -24	+13 -33	+22 -50	-8 -37	0 -46	+9 -63
+49 +17	+69 +17	+32 0	+52 0	+81 0	+130 0	+210 0	+320 0	+520 0	±16	±26	±40	+5 -27	+16 -36	+25 -56	-9 -41	0 -52	+9 -72
+54 +18	+75 +18	+36 0	+57 0	+89 0	+140 0	+230 0	+360 0	+570 0	±18	±28	±44	+7 -29	+17 -40	+28 -61	-10 -46	0 -57	+11 -78
+60 +20	+83 +20	+40 0	+63 0	+97 0	+155 0	+250 0	+400 0	+630 0	±20	±31	±48	+8 -32	+18 -45	+29 -68	-10 -50	0 -63	+11 -86

公称尺寸 /mm		N			P		R		S		T		U
大于	至	6	7	8	6	7	6	7	6	7	6	7	7
—	3	-4 / -10	-4 / -14	-4 / -18	-6 / -12	-6 / -16	-10 / -16	-10 / -20	-14 / -20	-14 / -24	—	—	-18 / -28
3	6	-5 / -13	-4 / -16	-2 / -20	-9 / -17	-8 / -20	-12 / -20	-11 / -23	-16 / -24	-15 / -27	—	—	-19 / -31
6	10	-7 / -16	-4 / -19	-3 / -25	-12 / -21	-9 / -24	-16 / -25	-13 / -28	-20 / -29	-17 / -32	—	—	-22 / -37
10	14	-9 / -20	-5 / -23	-3 / -30	-15 / -26	-11 / -29	-20 / -31	-16 / -34	-25 / -36	-21 / -39	—	—	-26 / -44
14	18										—	—	
18	24	-11 / -24	-7 / -28	-3 / -36	-18 / -31	-14 / -35	-24 / -37	-20 / -41	-31 / -44	-27 / -48	—	—	-33 / -54
24	30										-37 / -50	-33 / -54	-40 / -61
30	40	-12 / -28	-8 / -33	-3 / -42	-21 / -37	-17 / -42	-29 / -45	-25 / -50	-38 / -54	-34 / -59	-43 / -59	-39 / -64	-51 / -76
40	50										-49 / -65	-45 / -70	-61 / -86
50	65	-14 / -33	-9 / -39	-4 / -50	-26 / -45	-21 / -51	-35 / -54	-30 / -60	-47 / -66	-42 / -72	-60 / -79	-55 / -85	-76 / -106
65	80						-37 / -56	-32 / -62	-53 / -72	-48 / -78	-69 / -88	-64 / -94	-91 / -121
80	100	-16 / -38	-10 / -45	-4 / -58	-30 / -52	-24 / -59	-44 / -66	-38 / -73	-64 / -86	-58 / -93	-84 / -106	-78 / -113	-111 / -146
100	120						-47 / -69	-41 / -76	-72 / -94	-66 / -101	-97 / -119	-91 / -126	-131 / -166
120	140						-56 / -81	-48 / -88	-85 / -110	-77 / -117	-115 / -140	-107 / -147	-155 / -195
140	160	-20 / -45	-12 / -52	-4 / -67	-36 / -61	-28 / -68	-58 / -83	-50 / -90	-93 / -118	-85 / -125	-127 / -152	-119 / -159	-175 / -215
160	180						-61 / -86	-53 / -93	-101 / -126	-93 / -133	-139 / -164	-131 / -171	-195 / -235
180	200						-68 / -97	-60 / -106	-113 / -142	-105 / -151	-157 / -186	-149 / -195	-219 / -265
200	225	-22 / -51	-14 / -60	-5 / -77	-41 / -70	-33 / -79	-71 / -100	-63 / -109	-121 / -150	-113 / -159	-171 / -200	-163 / -209	-241 / -287
225	250						-75 / -104	-67 / -113	-131 / -160	-123 / -169	-187 / -216	-179 / -225	-267 / -313
250	280	-25 / -57	-14 / -66	-5 / -86	-47 / -79	-36 / -88	-85 / -117	-74 / -126	-149 / -181	-138 / -190	-209 / -241	-198 / -250	-295 / -347
280	315						-89 / -121	-78 / -130	-161 / -193	-150 / -202	-231 / -263	-220 / -272	-330 / -382
315	355	-26 / -62	-16 / -73	-5 / -94	-51 / -87	-41 / -98	-97 / -133	-87 / -144	-179 / -215	-169 / -226	-257 / -293	-247 / -304	-369 / -426
355	400						-103 / -139	-93 / -150	-197 / -233	-187 / -244	-283 / -319	-273 / -330	-414 / -471
400	450	-27 / -67	-17 / -80	-6 / -103	-55 / -95	-45 / -108	-113 / -153	-103 / -166	-219 / -259	-209 / -272	-317 / -357	-307 / -370	-467 / -530
450	500						-119 / -159	-109 / -172	-239 / -279	-229 / -292	-347 / -387	-337 / -400	-517 / -580

参 考 文 献

［1］大连理工大学工程图学教研室．机械制图［M］．北京：高等教育出版社．2013.

［2］王槐德．机械制图新旧标准代换教程［M］．北京：中国标准出版社．2004.

［3］邹玉堂，等．AotoCAD 2014 实用教程［M］．4 版．北京：机械工业出版社．2013.

［4］全国技术产品文件标准化技术委员会．技术产品文件标准汇编：技术制图卷［S］．3 版．北京：中国标准出版社．2012.

［5］全国技术产品文件标准化技术委员会．技术产品文件标准汇编：机械制图卷［S］．2 版．北京：中国标准出版社．2009.

精品教材推荐目录

序号	书号	书名	作者	定价	配套资源
1	978-7-111-43594-5	AutoCAD 2014 实用教程（第4版）	邹玉堂	39.90	电子教案
2	978-7-111-40440-8	AutoCAD 2013 工程制图（第4版）	江 洪	39.00	电子教案 素材文件
3	978-7-111-48130-0	AutoCAD 2012 中文版应用教程	王 靖	39.90	电子教案 素材文件
4	978-7-111-41294-6	AutoCAD 2010 中文版应用教程	刘瑞新	39.90	电子教案 素材文件
5	978-7-111-47243-8	SolidWorks 2014 三维设计及应用教程	曹 茹	49.00	电子教案 素材文件
6	978-7-111-46127-2	Solidworks 2012 基础与实例教程	段 辉	45.00	电子教案 配光盘
7	978-7-111-37142-7	Solidworks 2011 基础教程（第4版）	江 洪	44.00	素材文件 配光盘
8	978-7-111-48622-0	Creo 2.0 基础教程	颜兵兵	45.00	素材文件 配光盘
9	978-7-111-32398-3	Pro/ENGINEER 5.0 基础教程	江 洪	39.00	配光盘
10	978-7-111-41989-1	Pro/Engineer 实用教程	徐文胜	39.00	电子课件
11	978-7-111-46643-7	UG NX 9.0 中文版基础与实例教程	李 兵	49.00	电子教案 配光盘
12	978-7-111-47745-7	UG NX 8.0 基础与实例教程	高玉新	45.00	电子教案 配光盘
13	978-7-111-40030-1	UG NX 8.0 模具设计教程	高玉新	45.00	电子教案 配光盘
14	978-7-111-42059-0	UG NX 8.0 数控加工基础教程	褚 忠	45.00	电子教案 配光盘
15	978-7-111-31505-6	UG NX 7.0 基础教程（第4版）	江 洪	36.00	配光盘
16	978-7-111-17788-6	CATIA 基础教程	江 洪	28.00	电子教案
17	978-7-111-49700-4	CATIA 基础教程	刘 娜	49.00	素材文件 配光盘
18	978-7-111-41023-2	MATLAB 基础教程	杨德平	45.00	电子教案
19	978-7-111-44475-6	MATLAB 建模与仿真应用教程（第2版）	王中鲜	36.00	电子教案 素材文件
20	978-7-111-41818-4	ANSYS 基础与实例教程	张洪信	49.90	电子教案 配光盘